森林资源调查与规划

SENLIN ZIYUAN DIAOCHA YU GUIHUA

叶彦辉　主　编

韩艳英　副主编

U0257261

中国农业出版社

北　京

图书在版编目（CIP）数据

森林资源调查与规划 / 叶彦辉主编. — 北京：中国农业出版社，2022.4
　　ISBN 978-7-109-29287-1

　　Ⅰ.①森… Ⅱ.①叶… Ⅲ.①森林资源管理 Ⅳ.①S787.2

中国版本图书馆 CIP 数据核字（2022）第 053931 号

中国农业出版社出版

地址：北京市朝阳区麦子店街 18 号楼
邮编：100125
责任编辑：孙鸣凤　肖　杨
版式设计：王　晨　　责任校对：吴丽婷
印刷：北京中兴印刷有限公司
版次：2022 年 4 月第 1 版
印次：2022 年 4 月北京第 1 次印刷
发行：新华书店北京发行所
开本：720mm×960mm　1/16
印张：14.25
字数：270 千字
定价：48.00 元

《森林资源调查与规划》
编写人员

主　编：叶彦辉

副主编：韩艳英

参　编：赵　洋　邹林红　王国伟　于美佳

　　　　段少荣　盛基峰　李　垚

前　言

　　森林资源调查与规划是林学专业重要的实践教学内容，要求学生在学习和掌握数理统计、植物学、土壤学、气象学、测树学、森林培育学和森林经理学等课程的基本原理和野外调查方法的基础上，将所学知识综合运用于林业的实际工作之中。

　　《森林资源调查与规划》主要内容包括森林资源概述、森林资源调查、森林经营方案等，通过调查掌握森林资源的数量、质量及生长、消亡的动态规律，以及其与自然环境和经济、经营等条件之间的关系，为制订和调整林业政策、编制林业计划和鉴定森林经营效果服务，以保证森林资源在国民经济建设中得到充分利用，并不断提高其潜在生产力。在编写过程中，引用了国家林业和草原局编写的第九次全国森林资源清查结果《中国森林资源报告（2014—2018)》最新数据，把国家《森林资源规划设计调查主要技术规定》作为附录，同时参考了国内外各种相关教材，参考和引用了国内外不同学者在这一领域的文献和成果。

　　本教材得到了西藏自治区高等学校优秀教学团队"高原森林培育与经营团队"项目经费的资助。中国农业出版社对本教材的出版给予热心指导和帮助，在此致以衷心的感谢！

　　由于编者学识水平有限，编写过程难免有不足之处或错误，敬请读者批评指正。

目 录

第一章　森林资源概述

第一节　森林资源

一、森林的概念

森林是一个简单的名词，又是一个复杂的概念。森林是由树木为主体所组成的地表生物群落。自然界生长的森林是地球表面自然历史长期发展的地理景观，近代生态理论研究表明，森林是陆地生态系统中组成结构最复杂、生物种类最丰富、适应性最强、稳定性最高、功能最完全的系统。

对森林的定义不同历史时期具有不同的概念。我国汉代《淮南子》一书中，把"木丛为林"作为森林的概念。近代认为"森林是林木和林地的总称"。俄国林学家 G·F·莫罗佐夫 1903 年提出森林是林木、伴生植物、动物及其与环境的综合体。我国著名林学家梁希对森林的定义是："在单位面积的土地上，树木达到一定的数量而形成一个集团，这个集团一方面受环境的影响，另一方面又影响环境，使环境因它而发生显著的变化，像这样的树木集团称为森林。"近代森林的概念包含了：森林是由树木组成的；具有一定的面积；形成一个集团，具有一定的密度；树木与环境之间相互影响，具有完整的生态系统的功能。

世界各国对森林的定义各有不同。联合国粮食及农业组织、联合国欧洲经济委员会和芬兰国际法章机构于 1987 年在芬兰联合召开了"世界森林资源评价特别会议"，制定了有关森林资源评价体系及有关森林定义的纲领性文件草案，该草案提出了森林的定义及计量标准。其认为：乔木覆盖面积（林分面积）一般达到 20%，至少 10%；择伐林的树高要达到 7 米以上；能够生产木材。主要标准有：①用于生产木材和其他林产品或用于其他服务的所有人工林；②原有森林由于人为和自然的因素变成无林地，但预计能够恢复成森林的林地；③郁闭度 0.2 左右，用于生产木材和其他林产品或用于其他服务的天然、人工幼林；④林道、防火道、林中空地和森林苗圃地；⑤国家公园和自然保护区内的森林；⑥面积大于 0.5 公顷的防护林。

综上所述，森林的定义可以理解为：以乔木树种为主的具有面积和密度的木本植物群落，受环境的制约又影响环境，形成完整的生态系统。森林是以乔木为主体，包括乔木、灌木、草本、苔藓以及森林动物、微生物和土壤、水、热、大气等的自然综合体。它使有生命的生物群体和无生命环境之间，各种生物种群之间紧密联系，形成不可分割的总体，相互依存、相互制约、相互影响，森林与自然环境构成了循环不息的能量转化和物质交换过程，同时影响和改造其所在地的自然环境。森林是为生产木材及其他林产品或为间接效益（如保护环境、游憩等）而经营的木本植物群落，森林应有一定的面积，有一定的密度，具有一定的高度，具有一定的生产力。

二、森林资源的概念

森林资源是林地及其所生长的森林有机体的总称。狭义的森林资源主要指的是树木资源，尤其是乔木资源。广义的森林资源指林木、林地及其所在空间内的一切森林植物、动物、微生物，以及这些生命体赖以生存并对其有重要影响的自然环境条件的总称。其中林地包括乔木林地、疏林地、灌木林地、林中空地、采伐迹地、火烧迹地、苗圃地和国家规划宜林地。按物质结构层次划分，森林资源可分为：林地资源、林木资源、林区野生动物资源、林区野生植物资源、林区微生物资源和森林环境资源六类。

不同国家、不同国际组织确定的森林资源范围不尽一致。在联合国粮食及农业组织世界森林资源统计中，其只包括疏密度在 0.2 以上的郁闭林，不包括疏林地和灌木林。按照中华人民共和国林业部《全国森林资源连续清查主要技术规定》，凡疏密度（单位面积林木实有木材蓄积量或断面积与当地同树种最大蓄积量或断面积之比）在 0.3 以上的天然林，南方 3 年以上、北方 5 年以上的人工林，南方 5 年以上、北方 7 年以上的飞机播种造林，生长稳定，每亩成活保存株数不低于合理造林株数的 70%，或郁闭度（森林中树冠对林地的覆盖程度）达到 0.4 以上的林分，均构成森林资源。

森林资源是地球上最重要的资源之一，是生物多样化的基础，它不只能够为生产和生活提供多种宝贵的木材和原材料，能够为人类经济生活提供多种物品，更重要的是森林能够调节气候，保持水土，防止或减轻旱涝、风沙、冰雹等自然灾害，还有净化空气、消除噪音等功能。森林还是天然的动植物园，哺育着各种飞禽走兽及生长着多种珍贵林木和药材。森林可以更新，属于再生的自然资源，也是一种无形的环境资源和潜在的"绿色能源"。反映森林资源数量的主要指标是森林面积和森林蓄积量。

1. 中国森林资源概况　中国幅员辽阔，地形复杂多样，高纬度差的南北疆域跨度及西高东低的地势走向造就了中国丰富多样的气候类型和自然地理环境，从而孕育了生物种类繁多、植被类型多样的森林资源，为人类提供了丰厚的物质资源。第九次全国森林资源清查（2014—2018 年）结果显示，全国森林植被总生物量 188.02 亿吨，总碳储量 91.86 亿吨。全国天然林面积 14 041.52 万公顷，天然林蓄积 141.08 亿米³；人工林面积 8 003.10 万公顷，人工林蓄积 34.52 亿米³。

2. 森林资源的类型与分布　我国森林的自然分布，可划分为 6 带 2 区，即寒温带针叶林带，温带针叶、落叶阔叶混交林带，暖温带落叶阔叶林带，北亚热带常绿阔叶和落叶阔叶混交林带，中南亚热带常绿阔叶林带，南亚热带、热带季雨林和雨林带，以及甘南、川西、滇北、藏东南峡谷高山针叶林区和西北山地针叶林区。

（1）寒温带针叶林带。寒温带针叶林带主要分布于大兴安岭北部山地。本区气候严寒，林木生长期短，树种和林相均比较简单。区内森林以兴安落叶松林为主，数量多，分布广，约占本区森林面积的 50% 和蓄积量的 70% 以上。其次是樟子松和红皮云杉松，阔叶树种有白桦、黑桦、蒙古栎、山杨和朝鲜柳等。

（2）温带针叶、落叶阔叶混交林带。温带针叶、落叶阔叶混交林带主要分布在东北东部山地。该地受海洋性气候的影响，夏季气温较高，雨量集中，有利于树木生长发育。针叶树种主要有松属、云杉属、冷杉属和落叶松属的树种，常见的落叶树有栎、桦、杨、柳类和材质优良的水曲柳、黄菠萝、胡桃杨等。小兴安岭和长白山素有"红松之乡"的美称，红松系古老而珍贵的树种，以高大通直、易加工、耐腐蚀、光泽好而享有盛誉。

（3）暖温带落叶阔叶林带。分布区东起辽东和山东半岛，西至黄土高原，南至秦岭、淮河以北，北至华北地区。这一地带森林稀少，零星分布于交通不便的山区，其他地方多为次生林。在平原农区有一定数量的农田防护林和四旁树。主要树种为栎类、油松、侧柏，人工栽培树种有椿、槐、榆、杨和柳等。

（4）北亚热带常绿阔叶和落叶阔叶混交林带。此带位于秦岭和淮河以南、长江中游及汉江中上游地区。该区人为活动频繁，天然林分不多，常见的是马尾松次生林和人工杉木林。被称为活化石的银杏和水杉是在本地带发现的。竹类分布较广，有成片竹林。经济林木有油茶、油桐、漆树、核桃、板栗、乌桕、白蜡和杜仲等。

（5）中南亚热带常绿阔叶林带。此带地域广阔，位于长江以南，南岭以北，西及云贵高原和西藏东部，东至闽浙山地。本带气候受东南季风影响较大，温暖湿润，雨量充沛，冬无严寒，利于常绿植物生长，形成常绿阔叶林。

这里是我国马尾松林、松木林及常绿阔叶林的中心分布区，天然马尾松林占森林总面积的 50％左右，杉木林占 20％～30％，以常绿阔叶林为主的混交林占 10％～20％。针叶树种主要为马尾松、云南松、杉木、华山松、黄山松、柳杉、柏木。阔叶树有栲、石栎、青冈、木荷、樟、楠、榆、枫香、黄檀、檫树等。

（6）南亚热带、热带季雨林和雨林带。本带是我国唯一分布热带森林的地区，地处我国最南部。其范围包括赤道热带的南沙群岛、中热带的海南岛、边缘热带的台湾、广东的雷州半岛和云南的西双版纳等地，总面积有 2 873 万公顷，约占全国总面积的 3％。本带植物种类丰富，据统计，高等植物有 7 000 种以上。特有种多，仅海南岛就有 500 种，西双版纳在 300 种以上，不少是国家保护的珍稀物种。

南亚热带季风常绿阔叶林，占优势的科有壳斗科、樟科、金缕梅科、山茶科；季雨林、雨林组成优势科主要有桑图片科、桃金娘科、番荔枝科、无患子科、大戟科、棕榈科、桐科、豆科和樟科，还有典型科如龙脑香科、肉豆蔻科、红树科、猪笼草科等。热带中山以上以越橘科、杜鹃花科、蔷薇科等占优势。南海诸岛主要分布由麻疯桐、草海桐等组成的常绿林，滨海为沙生植物和红树林。

雨林的优势树种不明显，树冠不齐整，森林层次多而不明显，不少乔木树种有板根、气生根，林中藤本植物发达；并有寄生和附生植物等特点。季雨林和雨林的外貌特征有相似之处，层次多但易区分。我国雨林、季雨林已尚存无几，但树种资源丰富，珍贵用材树种有坡垒、野荔枝、子京、母生、青梅、陆均松、鸡毛松、紫檀、降香黄檀、红木、红豆，各种樟、楠及多种经济植物和药用植物。本带是我国发展热带用材林和经济林不可多得的地方，还是重要的生物基因库。

（7）青藏高原的高山针叶林区。其主要包括喜马拉雅山脉、横断山脉和念青唐古拉山脉的高山峡谷地带。本区河谷深切，山高坡陡，相对高差可达 2 000 余米。受西南和东南季风的影响，雨量多，全年气温低，蒸发量小，云雾多，湿度大，适于耐阳常绿针叶树生长，形成以冷杉属和云杉属为优势的暗针叶林。亚高山暗针叶林集中连片，蓄积量大，每公顷超过 1 000 米^3 者，屡见不鲜。森林中针叶林占 80％以上，阔叶林不足 20％。本区冷杉林最多，占 40％以上，其次是云南松林，占 20％以上，云杉林占 10％以上。其他树种有各种松树、铁杉、红豆杉、粗榧、栲、樟、栎、桦、椴、槭、白蜡、榉、杨、柳等。该带植物垂直分布十分明显，一般可划分为 6～7 个垂直分布带，自下至上有：河谷低山亚热带常绿阔叶林、常绿阔叶与落叶阔叶林、山地暖温带针阔混交林、山地寒带暗针叶林、亚高山寒带灌丛草甸、高山寒带疏草和极高山冰封带。

(8) 蒙新山地针叶林区。东区地处我国西北，东起大兴安岭山地西麓，南至昆仑山和阿尼玛山，西北以国境线为界。区内森林主要分布在阿尔泰山、天山、祁连山、贺兰山和阴山等地。主要树种有新疆落叶松、新疆云杉、新疆冷杉、天山云杉、青海云杉、藏桧、刺槐、侧柏、杜松、山杨、桦、栎、椴、榆、胡杨、梭梭、沙棘、柽柳、柠条等。东区属典型的大陆性气候，少雨干燥、日照多、寒暑变化剧烈、气候条件恶劣，因而森林多分布于气温变化较缓、湿度较大的阴坡。

三、森林资源的分类

森林资源大致概括为以下几个方面内容：

(1) 林木资源：包括林地林木、疏林地林木、散生木林地、四旁树木资源和竹子。

(2) 林地资源：包括林地（郁闭林）、疏林地、灌木林地、未成林造林地、苗圃地、采伐迹地、火烧迹地、林中空地、宜林地、林区沼泽地资源以及森林土壤资源及岩石、矿产等。

(3) 林副特产品资源：包括森林内各种乔木、灌木、地被植物的根、茎、叶、皮、花、果、树脂、树液、树胶等以及动物的皮、毛、肉、骨、角和血等。

(4) 森林野生动物资源：包括在森林里栖息繁衍的各种野生动物，鸟类、兽类、爬行类、两栖类、昆虫类等。

(5) 旅游观赏资源：包括林区特有森林景观、地貌景观、风景林、森林公园、自然保护区、名胜古迹林木以及古、大、珍、稀树木。

(6) 森林文化资源：在某种意义上讲，森林资源还包括森林美学、森林文化等社会科学资源。

(7) 森林资源环境：森林里的流水、泉水、湖泊、水潭等，森林范围的大气资源、热能、光能、大气温度等。

第二节　森林资源的特性和作用

森林资源是自然资源的组成部分，它具有自然资源的一般特性，还具有独有的特性和多种功能，可以提供多种物质和服务。森林资源的经济效益、生态效益、社会效益是同一的，对其进行任何单一目的的经营管理都将产生许多重要的额外效益。

随着社会生产力的发展，以及科学技术和人类文明的进步，森林资源对人类生产、生活及生存环境的影响越来越大。人们观察森林的视野逐渐开阔，对森林特性和作用的认识日益深化。当今国际社会日益认为森林的防护作用不只在于过去认识的保持水土流失、防风固沙、改善小气候，而应提升到维护全球环境的高度来认识。1992 年 6 月联合国在巴西召开了环境与发展大会，通过了《关于森林问题的原则声明》，签署了《生物多样性公约》等多种文件，从而促进了世界各国对森林资源的保护和管理、开发、利用，以及对森林资源发展的重视。

保护和发展森林资源是我国的基本国策，对改善我国的生态环境，促进和保障国民经济的发展，提高人民生活水平，具有极其重要的意义。正确、科学地认识森林资源的特点及其功能和作用，是我国生态环境建设和林业现代化建设的思想基础，并且具有指导实践的意义。

一、森林资源的特性

1. 森林是最重要的陆地生态系统　森林是陆地上具有最强大生产力、最庞大、最复杂的生态系统。地球陆地面积约为 1.49 亿千米^2，森林面积为 0.485 亿千米^2，约占陆地面积的 32.6%。森林生态系统无论从所占的面积，或是地理分布状况、群落组成和结构特点来看，都远远超过农田和草原，在自然界中具有不可缺少及无可替代的重要作用。国内外有关研究表明，森林生态系统具有最高的生物总量和最高生产力。整个陆地生态系统中生物总重量约为 18 000 亿吨；其中森林生物总量达 16 000 亿吨，约占陆地生物总量的 90%。陆地表面约 1/3 被森林覆盖，其每公顷生物总干重量达 100～400 吨，约为农田或草原的 20～100 倍。森林是陆地生态系统中最大的生产者，为人类提供了最多的生存、生活和生产所需的物质，因此森林是陆地上分布最广、对环境最具影响力的生物因素。

2. 森林资源是有生命的、可再生的自然资源　森林资源与其他资源相比是具有生命的、可再生的资源。只有按着森林发展的自然规律，科学经营，合理利用，森林的生命力将永不停息，生产力永不枯竭。

从自然规律来讲，一切有生命资源的增长，必须建立在原有资源基础上，森林资源的再生和发展当然也不例外。由于森林资源生长周期长，要保证持续利用和发挥多种效益，就必须有足够的储备，而且必须实行科学经营和有效保护措施，以提高生产力，增加蓄积量的积累。同时森林采伐后要及时进行更新造林，对无林的宜林地要积极造林绿化，这些都是建立资源储备的必要手段，从而就有可能实现森林资源的可持续利用和多种效益的持续发挥。

3. 森林是陆地上最丰富的种质资源库 森林的存在为大量植物、动物及其他生物创造了生存的条件和生活的物质基础。据统计：地球上物种现存有1 000多万种，仅热带雨林群落内就聚集着200万~400万种。陆地植物有90%以上存在于森林中，比草原、农田生态系统的种类更丰富多彩。例如，我国东北长白山和小兴安岭区，是北温带针叶阔叶混交林的典型区，那里蕴藏着丰富的动、植物资源，有高等植物1 200多种，其中药用植物就达700余种，有动物360种，其中鸟类280种，其他如土壤中生存的动物、微生物更不计其数。森林是各类气候带中最丰富、最珍贵的物种"基因库"，是人类探索、研究、发掘生物资源及其自然遗产的重要基地，对发展科学，改善人类生活、生存环境具有十分重大意义。

在森林生态系统中生存、生活的植物、动物及其他生物种类，都是经过千百万年发展形成的，直到现在被人类已经利用了的还是极少数，大量的有待于进一步研究、发掘利用。森林的存在，不仅涉及人类和动、植物及其他生物生存环境的问题，而且涉及许多物种的保存问题。因此加强对森林的保护是保护地球种质资源，防止遭到灭顶的根本措施。建立自然保护区就是具体措施之一。

4. 森林生态系统具有明显的区域性和复杂的空间结构 森林生态系统与其环境密切相关，因而其分布和结构有明显的区域性，从而呈现出很大的地区差异。森林的水平分布受温度、降水量等差异的影响，从热带到寒带分布有热带雨林、季雨林、亚热带常绿阔叶林、温带落叶阔叶林和针阔混交林，以及寒带针叶林。森林垂直分布的高度可达终年积雪线的下线，由平原到高山，由于气候、土壤、地形及其他因素影响，形成复杂的森林生物垂直带。

在森林生态系统中，众多绿色植物生长在一起，形成多层次结构。例如，寒温带针叶林和干旱地区的森林，往往是纯林或是单层林，其结构比较简单；热带湿润地区的雨林，结构复杂，往往形成许多树种混生的、复杂的、多层次的复层混交林，其最上层高达数十米乃至百米的树木，仅乔木层即可分成3~4层，在乔木层下的灌木层和草本层界限不是很明显，藤本植物纵横交错，还有众多附生植物，结构极为丰富。

5. 森林系统生产率高 森林的水平分布广，占有空间大，成分复杂，结构稳定。与其他植被相比，森林固定太阳能的效率最高，生产率和生物量最大。由于具有高大而多层的枝叶分布，其光能利用率达1.6%~3.5%，森林每年所固定的总能量占陆地生物每年固定的总能量的63%，森林生物产量在所有植物群落中最多，其是最大的自然物能储存库。森林生物通过生理代谢、生化反应、物理和机械作用，调节、制约和改善林内的环境条件，直接或间接地影响与森林相近的其他生物群落和生态环境。

6. 森林的寿命长，经营周期长　在绿色植物中，森林树木的寿命最长。农作物生长周期为几个月到一年，而森林生长周期要长得多，在正常情况下，短年龄树木也要十几年，一般的都有几十年或一二百年，甚至数百年，乃至千年以上。由于树木寿命长，各生长阶段的生产力不同，人们经营森林，对不同树种、不同的生长条件、不同经营目的的经营期也各异。如南方以培育纸浆材为目的的短经营期培育桉树，一般从造林到采伐利用仅 6～8 年。人工造林的杨树一般为 10～20 年，杉木 20～30 年。落叶松 40～50 年，红松 90～100 年。森林的天然更新则需要很长的时间，如我国小兴安岭林区的天然红松，年龄在 200 年左右。在我国一些风景林区或名胜古迹地区，至今还保留着大量珍稀古树，如柏树、槐树、银杏等，有些已达千年甚至几千年的寿命。

7. 林业是一个独特的产业　林业是对森林资源的培育和开发利用的产业，是一个知识密集型的综合产业，包括对森林资源的营造、抚育、管护、采伐和利用等环节。根据各个环节具体可分为森林培育、森林采伐运输业、木材加工业、林产化学工业、林产机械工业、养殖业、药材、森林公园、风景林、森林旅游业、生态环境保护、野生动物保护和繁殖业等众多方面。林业兼有农业和工业的特点，但和农业、工业又有很大的区别，它具有不同于农业、工业的特殊性，所以林业既不是农业，又不是工业，是一个独特的产业。过去有人把林业简单地分成营林和森林工业两大部分，认为营林是大农业的组成部分，森林工业是工业范畴，人为地把林业产业分割开，使林业长期从属于农业，严重地影响了林业产业的发展。林业既是生产事业，又是一种人人受益、无可替代的社会公益事业，林业发展对改善生态环境具有重要意义，很大程度上体现在造福社会和子孙后代的深远历史价值方面。

二、森林的作用

人们对森林作用的认识，随着社会的发展，经历了漫长的发展过程。曾有人将人与森林的关系划分为森林主宰人类、人类破坏森林、人类主宰森林 3 个阶段。汪振儒教授在《也谈关于森林的作用问题》一文中，对此作了比较概括的阐述。"远在太古和旧石器时期，森林是人类摘取野果和狩猎的场所。人们茹毛饮血，栖木为巢，生存于林中，离开森林就谈不上人类的繁衍。这是森林主宰人类的初始阶段"。这就是通常人们所说"森林哺育了人类"的时期。人类到新石器时期即开始破坏森林，前后经历数千年之久。"从人学会用火，兴起原始农业后，莽莽丛林日益成为扩耕的障碍，因而刀耕火种，毁林开荒愈演愈烈"。森林面积随着农牧业的发展而逐渐缩小，这基本上是世界各国都曾经走过的道路。到 18 世纪，随着工业的兴起，为发展工业、交通的需要，森林又遭到大规模掠夺破坏，这就加快了森林减少的速度。到 19 世纪产生了以保持长期经济收益为目标的林业学说——森林永续作业，这一概念的形成，"是人对森林作用认识提高的一个标志"，人们意识到森林资源与地下矿藏资源的不同点，森林是能够更新的资源，因此开发森林应该按照森林更新规律，促使采伐与培育相互转化，从而实现永续生产。但这种认识"并未超出森林只是原料库作用的认识范畴"。当森林的多种功能逐步为人类所认识后，也就逐步进入人类主宰森林的阶段。1893 年美国人费诺（Fernow）、哈林顿（Harrington）、阿贝（Abbe）和柯蒂斯（Curtis）著文提出"森林影响"问题，系统阐述森林对各种环境因子的影响，这才进一步开阔了人们对森林作用认识的视野。然而，此后以取"材"为首要目的的林业仍然延续了很久。直到第二次世界大战后，各国经历了破坏森林的惨痛教训，随着科学进步，开始慢慢突破传统林业概念的束缚，肯定森林在陆地生态系统中的重要地位，认识到森林对于改善人类生活的自然环境，保持自然生态平衡的作用至为关键。认识上的飞跃，开辟了人类主宰森林的新阶段。近年来各国科学家对森林的间接作用进行经济上的定量评价，共同认为它为社会创造的价值远远超过了提供产品的价值。例如，日本自 1971 年起，用 3 年时间对森林涵养水源、防止土壤流失、保护鸟兽、供氧净化空气等作用进行计量调查，据评定，这些作用一年创造的总值为 984.6 亿美元，相当于日本政府 1972 年全年预算金额。另有调查表明，1978 年日本森林的社会效益总值 1 776.9 亿美元，相当于当年国民生产总值的 11.4%，为同年农、林、水产品产值的 2.4 倍，而当年以木材为主的林业产值，仅为森林社会效益总值的 2.8%。在美国，有人估算森林的直接作用与间接作用价值之比为 1∶9。由于各国情况不同，对森林开发利用的发展不平衡，对森林作用的认识深度有一定的差距，因此，上述人类与森林关系的各个阶段在各国体现的程度也各异，但就总体而言，充分发挥森林的直接作用与间接作用，持续实现森林各种功能，满足国民经济发展及改善人类生存环境的需要，已成为现代林业决策的根本着眼点。

　　1. 森林的直接作用　自古以来，森林提供给人类最直接的产品是木材，传统上把木材称为森林的主产品，木材以外的林产品统称为林副特产品，包括叶、花、果、树脂、树胶、树汁、皮毛、兽角及林下植物等，这些为人类生产、生活直接或间接提供了所需要的大量基本物质，在建筑、矿业、铁路、航空、化工、纺织、轻工、包装、造纸、家具以及医药、食品工业等部门和行业中发挥着巨大作用。森林的直接作用在人类的生产、生活中占有重要的地位，涉及国计民生，衣、食、住、行各个领域。

木材经机械加工后成为锯材、胶合板、纤维板、刨花板、细木工板、木片、薄木、胶合板、层积木、木制家具等。由木材和其他林产品经化学和生物化学方法加工而得多种产品，如纸、纸浆、水解酒精、木糖、木糖醇、糠醛、饲料酵母、甲醇、木炭、活性炭、木焦油、抗聚剂、松焦油、杉油、松香、松节油、橡胶、樟脑、芳香油、紫胶、五倍子、单宁酸和白蜡等。森林还提供了大量的林特产品，如干鲜水果、木本粮油、芳香原料、调味佐料和药材。除树木本身外，森林还蕴藏有丰富的动物、植物、菌类等资源，这些都有巨大的潜在经济价值，经营好林副特产品，对活跃市场，繁荣山区经济具有重要意义。此外，森林也是用途广、潜力大、污染小的生物能源，是解决广大农村能源问题最可靠的途径之一，森林树木的根、茎、枝、叶、树皮、树脂等均可直接做能源，也可制成木炭、木煤气、甲醇等，用作能源，森林中的枯枝落叶和杂草灌丛也是丰富的沼气原料。

2. 森林的间接作用　森林的间接作用是多方面的，其实际意义远比直接作用大得多，从现代科学技术发展的角度来认识，森林已成为人类社会生存和发展不可缺少的环境条件，保护森林资源是保证人类有良好生态环境的有效措施。

（1）森林是生态平衡的主要调节器。森林可以使无机物转变成有机物，把太阳能转化为化学能，是生物和非生物之间的物质和能量交换的重要纽带，对保持生态系统的整体功能起着中枢和杠杆作用。可以说没有森林就没有生态平衡。

（2）森林能够有效地遏制土地荒漠化和沙尘暴。目前我国土地沙化正以平均每年 2 460 千米^2 的速度扩展，相当于一年要损失一个中等县的土地面积。近年来我国北方地区冬春季节扬沙和沙尘暴频繁发生。土地沙化、扬沙和沙尘暴的天气其主要原因是我国北方地区森林植被稀少，加上毁林毁草开荒、乱采滥挖、过度放牧，林草植被遭到严重破坏。大范围植树造林培育森林，不仅可以有效控制和减轻风沙危害，防止土地荒漠化的扩大，降低沙尘暴的发生频率，改善人类的生存条件，而且可以改造沙漠，开拓沙漠绿洲，扩大人类的生存空间。

（3）森林能够有效地涵养水源和防治水土流失。森林凭借庞大的林冠、深厚的枯枝落叶层和发达的根系，起到良好的蓄水保土和减轻地表侵蚀的作用。据测算，5 万亩* 森林所蓄的水量相当于一个 100 万米^3 的小水库。在森林被破坏或无森林的地区，水土流失严重，许多河道和水利设施不断受到泥沙淤积，

---

* 亩为非法定计量单位，15 亩＝1 公顷。全书同。——编者注

经常造成水灾。

（4）森林能够有效地保护生物多样性。目前地球上 500 万～3 000 万种生物中，有一半以上在森林中栖息繁衍。

（5）森林能够有效地缓解"温室效应"。由于近代人类大量使用化石燃料，大气中二氧化碳、甲烷等温室气体浓度不断升高，引起地球上的"温室效应"。每公顷森林平均每年可吸收 20～40 吨二氧化碳，同时放出 15～30 吨氧气。

（6）森林能够有效地净化空气和降低噪声。据有关专家研究介绍，每公顷森林平均每年能吸收 700 多千克的二氧化硫，可减轻工业酸雨的危害；城市中路旁的林带可以阻挡沙尘，滞尘率高达 70％～90％，同时林带有降低噪声的作用，噪声经过 30 米宽的林带可减低 6～8 分贝。清洁、优美、宁静的环境不仅有益于人们的身心健康，而且可以明显地提高我们的学习和工作效率。在人们的视野中有 25％的绿色时，人就会感到舒畅。

（7）森林是旅游、休养的最佳场所。随着社会发展，物质文化生活水平的提高，人们愈来愈要求更多地接触大自然，获得娱乐和休养，从而缓和紧张工作的心情、调节生活节奏，丰富生活内容，促进身心健康。当今世界各国旅游业正蓬勃发展，自然风光的森林旅游业是其中的一项重要内容。森林造就了山清水秀的自然景观，人们在森林中，可以敞开情怀，尽情地领略与享受苍松翠竹的原始美、自然美。我国的森林旅游业刚刚兴起，但具有广阔的发展前景，可利用林区优美的环境，开阔的地域，奇特的景观，丰富的历史文化遗迹，兴办具有特色的旅游。因此，森林旅游所产生的社会效益是非常巨大的。

第三节　中国森林资源的现状及特征

一、森林资源的现状

1. 规模普查　据中华人民共和国原林业部 1977—1981 年全国森林资源清查统计，中国森林面积共 11 528 万公顷，立木总蓄积量 102.6 亿米³（包括零星树木），其中森林蓄积量 90.3 亿米³，森林资源居世界第五位。但中国人口众多，人均占有量低，人均森林面积 0.12 公顷，与世界人均量之比为 1∶5.8；人均森林蓄积量 9.1 米³，与世界人均量之比为 1∶8.2。据森林资源 1977—1981 年清查资料与 1973—1976 年清查资料相比，森林覆盖率（亦称森林覆被率）从 12.7％降低到 12％，森林面积有所减少，主要林区森林过伐。全国森林资源年消耗量约 29 410 万米³，而立木总生长量为 27 532 万米³，年赤字为 1 878 万米^3。

第七次森林资源清查（2004—2008 年）结果显示，全国森林面积 19 545.22 万公顷，森林覆盖率 20.36％。活立木总蓄积 149.13 亿米^3，森林蓄积 137.21 亿米^3。除港、澳、台地区外，全国林地面积 30 378.19 万公顷，森林面积 19 333.00 万公顷，活立木总蓄积 145.54 亿米^3，森林蓄积 133.63 亿米^3。天然林面积 11 969.25 万公顷，天然林蓄积 114.02 亿米^3；人工林保存面积 6 168.84 万公顷，人工林蓄积 19.61 亿米^3，人工林面积居世界首位。

2014 年发布的第八次全国森林资源清查结果显示，全国森林面积 2.08 亿公顷，森林覆盖率 21.63％，森林蓄积 151.37 亿米^3。人工林面积 0.69 亿公顷，蓄积 24.83 亿米^3。该次清查从 2009 年开始，到 2013 年结束，历时 5 年，投入了近 2 万名调查和科研人员，运用了卫星遥感和样地调查测量等现代科技手段，调查内容涉及森林资源数量、质量、结构、分布的现状和动态，以及森林生态状况和功能效益等方面。

2. 当前森林资源的面积和蓄积　根据第九次全国森林资源清查结果，全国林地面积 32 368.55 万公顷，全国森林面积 21 822.05 万公顷，占林地面积的 67.42％。全国活立木蓄积 185.05 亿米^3，森林蓄积 170.58 亿米^3。森林按起源分为天然林和人工林，全国森林面积中，天然林面积 13 867.77 万公顷，人工林面积 7 954.28 万公顷，人工林蓄积 338 759.96 万米^3，占 19.86％。森林按林种分为防护林、特种用途林（以下简称"特用林"）、用材林、薪炭林和经济林 5 个林种。其中防护林 10 081.92 万公顷，占 46.20％；特用林 2 280.40 万公顷，占 10.45％；用材林 7 242.35 万公顷，占 33.19％；薪炭林 123.14 万公顷，占 0.56％；经济林 2 094.24 万公顷，占 9.60％。将防护林和特用林归为公益林，用材林、薪炭林和经济林归为商品林，全国公益林与商品林的面积之比为 57：43。全国森林分林木所有权和林种面积蓄积见表 1-1。

表 1-1　全国森林分林木所有权和林种面积蓄积

项目		合计		天然林		人工林	
		面积（万公顷）	蓄积（万米^3）	面积（万公顷）	蓄积（万米^3）	面积（万公顷）	蓄积（万米^3）
合计		21 822.05	1 705 819.59	13 867.77	1 367 059.63	7 954.28	338 759.96
林木所有权	国有林	8 274.01	1 007 072.05	7 305.03	931 732.60	968.98	75 339.45
	集体林	3 874.24	254 703.34	2 557.91	190 484.91	1 316.33	64 218.43
	个人所有林	9 673.80	444 044.20	4 004.83	244 842.12	5 668.97	199 202.08

（续）

项目		合计		天然林		人工林	
		面积（万公顷）	蓄积（万米³）	面积（万公顷）	蓄积（万米³）	面积（万公顷）	蓄积（万米³）
林种	防护林	10 081.92	881 806.90	7 635.59	765 487.64	2 446.33	116 319.26
	特用林	2 280.40	261 843.05	2 077.63	248 493.87	202.77	13 349.18
	用材林	7 242.35	541 532.54	39 977.10	347 456.59	3 265.25	194 075.95
	薪炭林	123.14	5 665.68	105.07	5 304.49	18.07	361.19
	经济林	2 094.24	14 971.42	72.38	317.04	2 021.86	14 654.38

3. 全国各类林地面积及分布　全国林地按地类分，乔木林地 17 988.85 万公顷，竹林地 641.16 万公顷，灌木林地 7 384.96 万公顷，疏林地 342.18 万公顷，未成林造林地 699.14 万公顷，苗圃地 71.98 万公顷，迹地 242.49 万公顷，宜林地 4 997.79 万公顷。

根据与森林植被生长密切相关的水热条件、地形地貌特征和土壤等自然环境因素，对林地质量进行综合评定。全国林地质量"好"的占 39.96%，"中"的占 37.84%，"差"的占 22.20%。质量"好"的主要分布在南方和东北东部，质量"中"的主要分布在中部和东北西部，质量"差"的主要分布在西北，华北干旱地区和青藏高原。全国宜林地中，质量"好"的占 11.55%，"中"的占 37.63%，"差"的占 50.82%。全国宜林地质量"差"的主要分布在干旱、半干旱地区的内蒙古、新疆、青海、甘肃及黑龙江等省份。全国林地各质量等级面积构成见图 1-1。

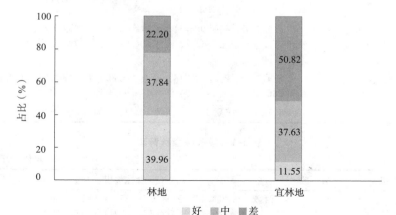

图 1-1　全国林地各质量等级面积构成

4. 各类林木蓄积 林木蓄积是一定范围土地上现存活立木材积的总量，也称活立木蓄积，包括森林蓄积、疏林蓄积、散生木蓄积和四旁树蓄积。全国活立木蓄积 1 850 509.80 万米³。其中森林蓄积 1 705 819.59 万米³，占 92.18%；疏林蓄积 10 027.00 万米³，占 0.54%；散生木蓄积 87 803.41 万米³，占 4.75%；四旁树蓄积 46 859.80 万米³，占 2.53%。

我国活立木蓄积主要分布在西南和东北省份，其中西藏 230 519.15 万米³、云南 213 244.99 万米³、黑龙江 199 999.41 万米³、四川 197 201.77 万米³、内蒙古 166 271.98 万米³、吉林 105 368.45 万米³，6 个省份活立木蓄积合计 1 112 605.75 万米³，占全国活立木蓄积的 60.12%。

5. 各类森林数量 森林包括乔木林、竹林和特殊灌木林，其数量指标包括面积和蓄积。全国森林面积 21 822.05 万公顷，森林蓄积 1 705 819.59 万米³。全国森林面积中，乔木林 17 988.85 万公顷，占 82.43%；竹林 641.16 万公顷，占 2.94%；特殊灌木林（以下简称"特灌林"）3 192.04 万公顷，占 14.63%。内蒙古、云南、黑龙江、四川、西藏、广西森林面积较大，6 个省份森林面积合计 11 471.88 万公顷，占全国森林面积的 52.57%。西藏、云南、四川、黑龙江、内蒙古、吉林森林蓄积较大，6 个省份森林蓄积合计 1 050 323.24 万米³，占全国森林蓄积的 61.57%。各省份森林面积见表 1-2，各省份森林蓄积见表 1-3。

表 1-2　各省份森林面积

单位：万公顷

分级	省份数	森林面积
大于或等于 2 000	2	内蒙古 2 614.85、云南 2 106.16
1 000～2 000	6	黑龙江 1 990.46、四川 1 839.77、西藏 1 490.99、广西 1 429.65、湖南 1 052.58、江西 1 021.02
500～1 000	11	广东 945.98、陕西 986.84、福建 811.58、新疆 802.23、吉林 784.87、贵州 771.03、湖北 736.27、浙江 604.99、辽宁 571.83、甘肃 509.73、河北 502.69
100～500	8	青海 419.75、河南 403.18、安徽 395.85、重庆 354.97、山西 321.09、山东 266.51、海南 194.49、江苏 155.99
小于 100	4	北京 71.82、宁夏 65.60、天津 13.64、上海 8.90

表 1-3　各省份森林蓄积

单位：万米³

分级	省份数	森林蓄积
大于或等于 100 000		西藏 228 254.42、云南 197 265.84、四川 186 099.00、黑龙江 184 704.09、内蒙古 152 704.12、吉林 101 295.77
50 000～100 000	3	福建 72 937.63、广西 67 752.45、江西 50 665.83

（续）

分级	省份数	森林蓄积
30 000～50 000	6	陕西 47 866.70、广东 46 755.09、湖南 40 715.73、新疆 39 221.50、贵州 39 182.90、湖北 36 507.91
10 000～30 000	9	辽宁 29 749.18、浙江 28 114.67、甘肃 25 188.89、安徽 22 186.55、河南 20 719.12、重庆 20 678.18、海南 15 340.15、河北 13 737.90、山西 12 923.37
小于 10 000	7	山东 9 161.49、江苏 7 044.48、青海 4 864.15、北京 2 431.36、宁夏 835.18、天津 460.27、上海 449.596

森林按起源分为天然林和人工林。全国森林面积中，天然林面积 13 867.77 万公顷，占 63.55%；人工林面积 7 954.28 万公顷，占 36.45%，人工林蓄积 338 759.96 万米^3，占 19.86%。

森林按林木所有权分为国有林、集体林和个人所有林。全国森林面积中，国有林 8 274.01 万公顷，占 37.92%；集体林 3 874.24 万公顷，占 17.75%；个人所有林 9 673.80 万公顷，占 44.33%。全国森林蓄积中，国有林 1 007 072.05 万米^3，占 59.04%；集体林 254 703.34 万米^3，占 14.93%；个人所有林 444 044.20 万米^3，占 26.03%。

6. 全国森林质量特征　衡量森林质量的指标一般包括单位面积蓄积、单位面积生物量、单位面积生长量、平均郁闭度、平均胸径、平均树高、单位面积株数等。乔木林是森林资源的主体，森林质量通常采用乔木林的质量指标反映。

（1）全国乔木林单位面积蓄积。全国乔木林每公顷蓄积 94.83 米^3。按起源分，天然林 111.36 米^3，人工林 59.30 米^3。按林木所有权分，国有林 136.01 米^3，集体林 76.19 米^3，个人所有林 61.32 米^3。按森林类别分，公益林 108.17 米^3，商品林 75.80 米^3。国家级公益林每公顷蓄积 114.10 米^3。人工林每公顷蓄积约为天然林的一半，国有林每公顷蓄积高于集体林和个人所有林，公益林的每公顷蓄积高于商品林。全国乔水林各林种每公顷蓄积见表 1-4。

表 1-4　全国乔木林各林种每公顷蓄积

单位：米^3

林种	乔木林	幼龄林	中龄林	近熟林	成熟林	过熟林
全国	94.83	36.40	85.70	122.82	165.55	222.44
防护林	99.30	38.05	86.65	126.00	169.40	217.16
特用林	154.77	44.82	108.22	157.11	212.50	304.31

（续）

林种	乔木林	幼龄林	中龄林	近熟林	成熟林	过熟林
用材林	79.60	35.42	84.03	114.41	136.04	159.19
薪炭林	46.01	34.92	71.42	97.83	73.25	92.25
经济林	30.55	11.62	26.90	44.30	70.03	115.15

全国乔木林面积按优势树种（组）排名，位居前 10 位的，其每公顷蓄积从大到小依次为：云杉林 221.39 米³、云南松林 117.68 米³、落叶松林 103.64 米³、桦木林 88.88 米³、栎树林 85.63 米³、马尾松林 77.84 米³、杉木林 74.83 米³、杨树林 74.19 米³、柏木林 62.57 米³、桉树林 39.44 米³。

我国滇西北、川西、藏东南、青海东南部、天山、阿尔泰山、长白山等林区，人为干扰较少，天然林比重大，成过熟林多，乔木林每公顷蓄积较高。林区省份的乔木林每公顷蓄积明显高于全国平均水平，其中西藏 258.30 米³、新疆 182.60 米³、四川 139.67 米³、吉林 130.76 米³、青海 115.43 米³、云南 105.80 米³。

（2）全国乔木林单位面积生物量。全国乔木林每公顷生物量 86.22 吨。按起源分，天然林 100.61 吨，人工林 55.31 吨。按林木所有权分，国有林 114.07 吨，集体林 76.65 吨，个人所有林 62.17 吨。按森林类别分，公益林 96.32 吨，商品林 71.83 吨。国家级公益林每公顷生物量 99.12 吨。每公顷生物量天然林高于人工林，国有林高于集体林和个人所有林，公益林高于商品林。全国乔木林各林种每公顷生物量见表 1-5。

表 1-5　全国乔木林各林种每公顷生物量

单位：吨

林种	乔木林	幼龄林	中龄林	近熟林	成熟林	过熟林
全国	86.22	40.54	84.30	113.17	134.53	158.03
防护林	90.47	40.01	86.33	116.36	139.24	153.41
特用林	127.05	50.43	102.93	146.55	165.66	195.90
用材林	75.26	37.54	82.03	104.57	118.05	136.17
薪炭林	51.96	40.30	78.17	90.99	87.83	115.24
经济林	29.18	12.53	26.76	41.11	62.72	99.76

全国乔木林面积按优势树种（组）排名，位居前 10 位的，其每公顷生物量从大到小依次为：云杉林 136.50 吨、栎树林 100.39 吨、桦木林 85.59 吨、落叶松林 85.10 吨、柏木林 84.11 吨、马尾松林 76.71 吨、云南松林 67.96

吨、杨树林 66.53 吨、杉木林 53.66 吨、桉树林 46.49 吨。乔木林每公顷生物量超过全国平均水平的有 10 个省份，其中西藏 171.47 吨、新疆 136.12 吨、吉林 123.21 吨、福建 111.41 吨、青海 108.84 吨。

（3）全国乔木林单位面积生长量。全国乔木林每公顷年均生长量 4.73 米³。按起源分，天然林 4.04 米³，人工林 6.15 米³。按林木所有权分，国有林 3.72 米³，集体林 5.12 米³，个人所有林 5.52 米³。按森林类别分，公益林 3.96 米³，商品林 5.79 米³。国家级公益林每公顷年均生长量 3.78 米³。每公顷年均生长量人工林高于天然林，集体林和个人所有林高于国有林，商品林高于公益林。全国乔木林各林种每公顷年均生长量见表 1-6。

表 1-6　全国乔木林各林种每公顷年均生长量

单位：米³

林种	乔木林	幼龄林	中龄林	近熟林	成熟林	过熟林
全国	4.73	5.11	5.19	4.52	3.73	2.99
防护林	4.10	4.51	4.53	3.74	3.20	2.86
特用林	3.25	4.11	3.39	3.31	2.91	2.29
用材林	6.05	6.15	6.6	5.97	4.84	3.92
薪炭林	5.59	5.86	4.66	6.38	5.48	3.15
经济林	2.36	1.42	2.42	3.09	3.60	5.73

全国乔木林面积按优势树种（组）排名，位居前 10 位的，其每公顷年均生长量从大到小依次为：杨树林 8.97 米³、杉木林 8.12 米³、桉树林 7.93 米³、马尾松林 7.20 米³、公南松林 4.90 米³、栎树林 3.57 米³、落叶松林 3.47 米³、柏木林 3.47 米³、桦木林 3.13 米³、云杉林 2.96 米³。乔木林每公顷年均生长量超过全国平均水平的有 19 个省份，其中山东 9.23 米³、上海 7.65 米³、广西 7.55 米³、江苏 7.34 米³、福建 7.09 米³。

（4）全国乔木林平均郁闭度。全国乔木林平均郁闭度 0.58。按起源分，天然林 0.60，人工林 0.53。按林木所有权分，国有林 0.61，集体林 0.55，个人所有林 0.57。乔木林平均郁闭度超过全国平均水平的有 14 个省份，吉林平均郁闭度最大，为 0.67，新疆平均郁闭度最小，为 0.42。全国乔木林中，郁闭度 0.2～0.4 的面积 4 505.36 万公顷，占 25.05%；0.5～0.7 的面积 9 476.61 万公顷，占 52.68%；0.8 以上的面积 4 006.88 万公顷，占 22.27%。

《森林采伐作业规程》（LYT 1646—2005）规定，郁闭度 0.7 以上的天然林中幼林和郁闭度在 0.8 以上的人工林中幼林视为过密乔木林；郁闭度在 0.2～0.4 的中龄林和近成过熟林视为过疏乔木林。全国过密的乔木林面积 4 043.71

万公顷，占中幼林面积的 35.15%，占乔木林面积的 22.48%；过疏的乔木林面积 2 235.28 万公顷，占乔木林面积的 12.43%。全国 1/3 的乔木林存在过密或过疏的问题。全国乔木林各龄组按郁闭度等级面积见表 1-7。

表 1-7　全国乔木林各龄组按郁闭度等级面积

龄组	0.2～0.4		0.5～0.7		0.8～1.0	
	面积（万公顷）	比率（%）	面积（万公顷）	比率（%）	面积（万公顷）	比率（%）
合计	4 505.36	25.05	9 476.61	52.68	4 006.88	22.27
幼龄林	2 270.08	38.62	2 565.31	43.65	1 042.15	17.73
中龄林	1 072.06	19.06	3 139.65	55.81	1 414.21	25.13
近熟林	471.54	16.48	1 656.25	57.88	733.54	25.64
成熟林	411.99	16.70	1 430.41	57.97	625.26	25.33
过熟林	279.69	24.19	684.99	59.23	191.72	16.58

（5）全国乔木林平均胸径。全国乔木林平均胸径 13.4 厘米。按起源分，天然林 13.9 厘米，人工林 12.0 厘米。按林木所有权分，国有林 15.2 厘米，集体林 12.3 厘米，个人所有林 11.7 厘米。乔木林平均胸径高于全国平均水平的有 12 个省份，其中 6 个省份乔木林平均胸径在 15 厘米以上，分别为西藏 24.9 厘米、新疆 20.5 厘米、青海 18.0 厘米、吉林 15.8 厘米、甘肃 15.4 厘米、海南 15.1 厘米。

林木按照径级可分为 4 个径级组，即 6～12 厘米为小径组，14～24 厘米为中径组，26～36 厘米为大径组，38 厘米以上为特大径组。全国乔木林株数按林木径级组分，小径组 1 366.18 亿株，占 72.19%；中径组 437.41 亿株，占 23.11%；大径组 69.60 亿株，占 3.68%；特大径组 19.24 亿株，占 1.02%。全国用材林中，小径组林木株数 591.82 亿株，占 74.93%；大径组和特大径组 25.42 亿株，占 3.22%。全国乔木林中，大径组和特大径组林木很少，且七成以上分布在防护林和特用林。全国乔木林各林种按径级组株数见表 1-8。

（6）全国乔木林平均树高。全国乔木林平均树高 10.5 米。按起源分，天然林 11.2 米，人工林 8.9 米。按林木所有权分，国有林 12.4 米，集体林 9.0 米，个人所有林 9.2 米。人工林平均树高低于天然林，国有林平均树高大于集体林和个人所有林。乔木林平均树高超过全国平均水平的有 9 个省份，西藏乔木林平均树高最高，为 16.0 米。全国平均树高在 5.0～15.0 米的乔木林面积 12 374.34 万公顷，占乔木林面积的 68.79%。全国乔木林按起源各高度级面积见表1-9。

表1-8 全国乔木林各林种按径级组株数

林种	小径组		中径组		大径组		特大径组	
	株数（亿株）	比率（%）	株数（亿株）	比率（%）	株数（亿株）	比率（%）	株数（亿株）	比率（%）
合计	1 366.18	72.19	437.41	23.11	69.60	3.68	19.24	1.02
防护林	645.67	71.12	214.38	23.61	36.73	4.05	11.07	1.22
特用林	105.80	64.48	43.62	26.59	10.30	6.28	4.35	2.65
用材林	591.82	74.93	172.61	21.85	21.70	2.75	3.72	0.47
薪炭林	11.03	85.44	1.70	13.17	0.16	1.24	0.02	0.15
经济林	11.86	66.82	5.10	28.73	0.71	4.00	0.08	0.45

表1-9 全国乔木林按起源各高度级面积

高度级	乔木林		天然乔木林		人工乔木林	
	面积（万公顷）	比率（%）	面积（万公顷）	比率（%）	面积（万公顷）	比率（%）
合计	17 988.85	100.00	122 765.18	100.00	5 712.67	100.00
小于5.0米	2 188.25	12.16	1 036.71	8.44	1 151.54	20.16
5.0～10.0米	6 881.71	38.26	4 441.38	36.18	2 440.33	42.72
10.0～15.0米	5 492.63	30.53	4 018.49	32.73	1 474.14	25.80
15.0～20.0米	2 650.47	14.73	2 120.95	17.28	529.52	9.27
20.0～25.0米	585.36	3.25	484.88	3.95	100.48	1.76
25.0～30.0米	139.01	0.77	122.73	1.00	16.28	0.28
大于或等于30.0米	51.42	0.29	51.04	0.42	0.38	0.01

（7）全国乔木林单位面积株数。全国乔木林每公顷株数1 052株。按起源分，天然林1 081株，人工林994株。按林木所有权分，国有林1 015株，集体林1 105株，个人所有林1 077株。乔木林每公顷株数超过1 000株的有浙江、福建、江西、安徽、湖北、黑龙江、广西、云南、重庆、内蒙古、湖南和广东12个省份。

全国乔木林每公顷株数不足1 000株的面积9 962.79万公顷，占55.38%。其中近六成为中幼林，林分密度整体上比较稀疏。全国乔木林每公顷株数等级面积见表1-10。

表 1-10 全国乔木林每公顷株数等级面积

单位：万公顷

每公顷株数等级	合计	幼龄林	中龄林	近熟林	成熟林	过熟林
合计	17 988.85	5 877.54	5 625.92	2 861.33	2 467.66	1 156.40
小于 500 株	4 742.09	1 961.72	914.94	565.13	740.77	559.53
500～1 000 株	5 220.70	1 430.96	1 610.91	996.01	822.18	360.64
1000～1 500 株	3 922.78	1 062.61	1 443.34	718.15	534.42	164.26
1 500～2 000 株	2 180.88	669.90	882.87	356.51	216.32	55.28
大于或等于 2 000 株	1 922.40	752.35	773.86	225.53	153.97	16.69

7. 我国森林资源在世界上的地位　我国森林面积占世界森林面积的5.51%，居俄罗斯、巴西、加拿大、美国之后，列第 5 位；森林蓄积占世界森林蓄积的 3.34%，居巴西、俄罗斯、美国、刚果民主共和国、加拿大之后，列第 6 位；人工林面积继续位居世界首位。我国人均森林面积 0.16 公顷，不足世界人均森林面积的 1/3；人均森林蓄积 12.35 米³，仅约为世界人均森林蓄积的 1/6。我国森林资源总量位居世界前列，但人均占有量少。森林资源总量位居世界前 6 位国家的森林资源主要指标见表 1-11。

表 1-11 森林资源总量位居世界前 6 位国家的森林资源主要指标

国家或地区	森林覆盖率（%）	森林面积		森林蓄积	
		数量（万公顷）	人均（公顷）	数量（亿米³）	人均（米³）
全球	30.70	399 913.50	0.55	5 262.32	75.65
俄罗斯	49.80	81 493.10	5.68	814.88	568.03
巴西	59.00	49 353.80	2.37	967.45	465.46
加拿大	38.20	34 706.90	9.66	329.83	917.72
美国	33.80	31 009.50	0.96	406.99	126.48
中国	22.96	22 044.62	0.16	175.60	12.35
刚果民主共和国	67.30	15 257.80	1.97	351.15	454.46

二、森林资源的特点

1. 森林资源分布不均　我国森林资源主要分布在内蒙古（占全国森林面积的 11.9%）、云南（9.6%）、黑龙江（9.1%）、四川（8.4%）、西藏（6.8%）、广西（6.5%）等省份。这些地方的有林地面积和蓄积量分别占全国有林地面积和蓄积量的 49.8％和 81.9％。其次是东南和华南的浙江、安徽、福建、江西、湖南、广东、海南、广西和台湾等省份。那里的自然条件优越，森林植物比较丰富，有林地面积和蓄积量分别占全国的 28.8％和 13.8％。而人口稠密（人口约占全国的 1/5），工农业生产发达的华北和中原地区，森林蓄积量只有全国的 3.4％，人均不足 0.9 米^3。我国西北部的青海、甘肃、宁夏、新疆 4 个省份和内蒙古中、西部及西藏西部的广大地区占国土面积的一半以上，而森林面积不及全国的 1/30，各省份的森林覆盖率均在 5％以下。

2. 森林资源结构不合理　我国林种结构中，用材林 7 242.35 万公顷，占林地面积的 33.19％；防护林10 081.92 万公顷，占 46.20％；经济林 2 094.24 万公顷，占 9.60％；薪炭林 123.14 万公顷，占 0.56％；特用林 2 280.40 万公顷，占 10.45％。从实际情况分析，用材林面积过大，防护林和经济林面积偏小，不利于发挥森林生态效益和提高总体经济效益。

林龄结构：全国林分面积为 17 988.85 万公顷，幼龄林 5 877.54 万公顷，占 32.67％；中龄林 5 625.92 万公顷，占 31.27％；近熟林、成熟林和过熟林（简称"近成过熟林"）合计 6 485.39 万公顷，占 36.06％。幼龄林和中龄林（简称"中幼林"）主要分布在黑龙江、云南、内蒙古、广西、江西、湖南、广东、四川，8 个省份中幼林面积合计 6 772.00 万公顷，占全国中幼林面积的 58.87％。近成过熟林主要分布在内蒙古、黑龙江、四川、西藏、云南、吉林，6 个省份近成过熟林面积合计 4 097.68 万公顷，占全国近成过熟林面积的 63.18％。全国乔木林分龄组面积蓄积见表 1-12。

表 1-12　按龄级划分的森林面积和蓄积量

林种	面积		蓄积量	
	大小（万公顷）	占比（％）	大小（万米^3）	占比（％）
幼龄林	5 877.54	32.67	213 913.86	12.54
中龄林	5 625.92	31.27	482 135.45	28.26
近熟林	2 861.33	15.91	351 428.80	20.60
成熟林	2 467.66	13.72	401 111.45	23.52
过熟林	1 156.40	6.43	257 230.03	15.08
合计	17 988.85	100.00	1 705 819.59	100.00

从全国来看，这样的比例基本上是合理的。但成熟林大部分集中在东北和西南的边远山区，如四川、云南、西藏、黑龙江和吉林 5 个省份占全国成熟林的 4/5，而人口多和工农业发达的华北和中原地区的成熟林很少。南方 9 个省

份集体林区用材林基地的幼、中、成熟林面积比例大体为 5∶4∶1，中幼林占绝对优势，近期可供采伐的森林资源不足，木材供需矛盾突出。

3. 林地生产力低　我国林地生产力低主要表现为，林业用地利用率低、残次林多、单位蓄积量少和生长率不高等。全国有林地面积只占林业用地面积的 43.2%，有些省份甚至低于 30%，远低于世界平均水平。林地利用率的高低是衡量一个国家林业发达水平的重要标志。先进的林业国，不仅具有较多的林地面积，而且对林业用地的利用也充分。如日本的有林地面积占林业用地面积的 76.2%，瑞典为 89%，芬兰甚至全部林业用地都覆盖着森林。目前我国林地利用率低于世界的平均水平，更低于林业发达国家水平。

其次是残次林地，除台湾、西藏东南部和大兴安岭、长白山、横断山、天山、阿尔泰山、祁连山、神农架等山区有成片的原始林地，大部分地区的森林已遭到不同程度的破坏，演替成次生林，单位蓄积量很低，平均每公顷为 31.6 米^3。并且森林的破坏仍在增加，仅 1977—1981 年 5 年全国疏林地增加了 10%，现在疏林地已占有林地的 14.9%。

林地生产力低还表现为单位蓄积量少和生长率不高。全国林分平均每公顷蓄积为 90 米^3，相当于世界平均数的 81%。林分生长率 2.88%，每公顷年生长量只有 2.4 米^3。

4. 可采森林蓄积比重小　全国森林蓄积量为 1 705 819.59 万米^3。其中成熟林蓄积 401 111.45 万米^3，占森林总蓄积的 23.51%，在用材林的成熟林中，西藏有 5 亿米^3，近期尚无条件进行开发性采伐，其余的成熟林的病腐、风折和枯损比重大，林分自然枯损率高。此外，有相当部分的森林分布于江河上游地区，具有水源涵养、水土保持作用，应作防护林来经营，不宜过多采伐。另一部分因位于深山峡谷，交通不便，难于开发利用。估计可采伐利用的森林仅占 70% 左右。

◆ **参考文献**

吉林省林业学校，1981. 森林调查规划［M］. 北京：中国林业出版社.

亢新刚，2011. 森林经理学［M］. 北京：中国林业出版社.

张建龙，2020. 中国森林资源报告（2014—2018）［M］. 北京：中国林业出版社.

赵忠，2010. 林业调查规划设计教程［M］. 北京：中国林业出版社.

◆ **思考题**

（1）简述森林资源的特性。

（2）简述中国森林资源在世界上的地位。

（3）反映森林资源数量的主要指标有哪些?

（4）简述森林的直接作用与间接作用。

（5）林地类型包括哪些?

（6）简要概述我国森林资源分布各带、区的气候特点和生长的主要树种。

（7）试分析我国森林资源的现状并提出保护和发展森林资源的建议。

（8）评价森林质量的指标一般包括哪些?

第二章　森林调查学

第一节　森林调查学的概念及作用

　　森林调查学是研究探测和取得森林资源信息的理论和方法的学科，是以林地、林木及林区范围内生长的动植物及其环境条件为对象的林业调查，实质上就是对森林质量和数量的评价。目的在于及时掌握森林资源的数量、质量和生长、消亡的动态规律及其与自然环境和经济、经营等条件之间的关系，为制订和调整林业政策，编制林业计划和鉴定森林经营效果服务，以保证森林资源在国民经济建设中得到充分利用，并不断提高其潜在生产力。在林业生产建设中，如何取得可靠的森林资源信息资料是相当重要的，因为林业生产必须根据客观规律进行，才能达到合理的开发、经营和永续利用森林的目的。

　　森林资源信息是林业生产决策的基础。在林业生产建设中，如能迅速、准确地取得森林资源信息，找出森林经营的差距和关键，合理地编制森林经营方案，可提高生产效率，也能正确地进行林业决策。森林调查是林业生产建设的第一环节，是合理组织生产的基础，制定林业方针政策的依据，检查经营效果的重要手段。任何林业计划，不论其规模大小和具体目标如何，都需要进行森林调查以取得可靠而充分的数据。通过不同时期的调查，可以了解森林动态变化的特点和规律，监测森林的发展趋势，及时地调整森林经营计划，使具有潜在生产力的尚未利用的森林投入生产。

　　根据目的和任务不同，可把森林调查分为三类：

　　（1）全国森林资源清查（简称一类调查）：主要是森林资源的连续清查。目的是从宏观上掌握森林资源的现状和变化。在一般情况下，不要求落实到小地块，也不进行森林区划。以省（自治区、直辖市）、大林区或全国为总体进行调查，只能取得省（自治区、直辖市）、大林区或全国森林资源的精度。目的是为制定全国林业方针政策，编制全国、省（自治区、直辖市）、大林区的林业规划、计划及预测森林动态变化和发展趋势提供科学依据。其特点是在统一规定时间内，查清全国森林资源现状及其消长变化规律。现在世界上许多国家的一类清查主要采用连续森林清查法，即固定样地定期重复观测的方法。固定样地不仅可以直接提供有关林分及单株树木生长和消亡方面的信息，而且由于它本身是一种有多次测定的样本单元，可以根据两期以至多期的抽样调查结果，对森林资源的现状，尤其是对森林资源的变化，作出更为有效的抽样估计。工作步骤包括：①确定抽样总体。通常采用两种办法：一种是以整个地区作为抽样总体，全面布设样地。这种方法可以对整个地区的地类和资源作出估计，但工作量较大。另一种方法是以林业用地作为清查总体，工作量小，但只能查清林业用地上的地类和资源状况。采用哪种方法，应视条件而定。②样地布设。固定样地按系统抽样原则布设在国家地形图公里网交点上，每个固定样地均设永久性标志，按顺序编号，并须绘制样地位置图和编写位置说明文字。③样地调查。除面积量测和一般情况记载外，还需测定林木的蓄积、生长量和枯损量。④内业计算分析。其主要是计算森林资源现状及变化估计值，作出方差分析并得出精度指标。为便于进行森林资源动态预测，还需得出生长、消耗的估计值。⑤编制调查地区的资源统计表和说明书，包括森林资源统计表、森林资源消长表和森林资源连续清查报告。

2005 年起，我国森林资源一类调查增加了遥感图片卫星判读的工作，主要是辅助固定样地调查，提高一类调查的精度。

（2）规划设计调查（简称二类调查）：是满足林业局（县、旗）、林场规划设计要求的调查。调查时以局、场为总体，可取得局、场的森林资源精度。在集约经营的林区，以小班为总体调查，可取得小班资源的精度。二类调查包括区划、调查、调查成果分析三大部分。

①区划：林业基层企业的区划包括分场或营林区及林班。其中林班是永久性经营单位，是二类调查的资源统计单位。林班区划方法分为自然区划、人工区划和综合区划。

②调查：以适用的地图如地形图、平面图或航空相片等为依据首先按区划的林班，设计调查方案和进行的路线。森林经理调查中的资源调查，主要是在划分小班的同时进行的目测与实测。小班是以经营措施一致为主要条件划分的。在有近期航空相片时可先在室内勾绘，结合现场确定，也可对坡勾绘或深入林内在地形图等上勾绘。高度集约经营时，可通过实测划分小班。小班调查内容、项目可根据需要和实际情况而定。一般调查重点是蓄积量。小班蓄积量调查的常用方法有样地实测法、目测法、回归估测法与抽样控制总体法。因一般小班面积小，难于控制调查精度，抽样控制总体法的优点是在分别进行小班调查的同时，又以全场或营林区为总体进行抽样调查，以取得总体蓄积量的一定可靠性精度，而后与小班汇总资源对比，如发现误差过大时，再对小班蓄积量进行修正。样地实测多采用群状样圆、样方或角规点代替单个较大面积样

地。目测调查时，除选典型地段外，还应按面积分散地选出一些目测点。此外，生长量、枯损量、天然与人工更新效果、土壤、病虫害、火灾危险等级、立地条件、珍稀动植物资源及有关经营效果等，也是小班调查的内容。

③调查成果分析：主要成果必须满足编制经营方案及林业区划或总体设计所需资料的要求。主要包括：地类面积，森林面积，用材林近成熟、过熟林组成，树种蓄积，人工林及四旁树，经济林，竹林等资源数据及林相图，森林分布图等资料和调查报告说明书等。如是复查，对于资源的动态变化应进行详细分析。

二类调查的目的是满足编制森林经营方案、总体设计、县级林业区划和基地造林规划的需要。调查取得的资料是森林经营的基础。小班的资源数字要求落实到山头、地块。根据森林经营水平和集约程度决定调查的详细程度。当前，我国采用的主要方法是总体控制法。它是以林场为总体进行抽样调查，小班的资源数字以目测法、判读法或角规法确定。而后以林场的资源数字为准进行平差，以取得小班的资源数字。这种方法对林场的蓄积量精度可以保证，小班只有资源数字，没有精度。

（3）作业设计调查（简称三类调查）：它是林业生产作业前的调查，林业基层单位为满足伐区、造林和抚育采伐设计等而进行的调查称为作业设计调查。其目的是取得作业前的资料，以便合理地进行作业设计和施工。当前我国大部分林区采用全林实测法进行三类调查。这种方法工作量大，成本高。为提高工作效率，作业设计调查可采用航空相片森林抽样调查法。

第二节　森林调查的目的和任务

森林调查的目的就是用最低的成本，以最快的速度，取得可靠而足够的资源信息资料，以满足林业生产的需要。

森林调查的总目的是查清森林资源、搞清森林实况，取得林业生产需要的各种信息资料。从制定计划、规划及实现森林永续利用和发挥最大效益出发，森林调查的目的可概括为：①为国家制定林业区划、计划、规划和指导林业生产提供基础信息资料；②为林业生产提供实现合理经营、科学管理、永续利用及发挥森林多种功能和最大效益的基础资料。

森林调查的任务是查清、查准森林质和量的变化特点及其变化规律；调查的成果应能客观地反映森林自然面貌和经济条件，对森林进行综合评价，提供全面准确的森林资源调查材料、图面材料、统计表和调查报告。其首要任务是查清森林实况，取得各种信息，包括森林的蓄积量、生长量、枯损量及其消长变化，小班的立地生境、土地生产力、植被、森林病虫害、野生动物、更新和土壤等的调查材料。

森林调查的任务决定于森林调查的种类和目的。一类调查主要任务是查清全国森林资源和森林动态变化情况，一般是采用森林资源连续清查法。为制定国家林业方针政策，需要取得各项消长率、总生长量、保留木生长量、进界生长量、未测木生长量、总消耗量（包括采伐量、自然枯损量）、生长率、消耗率、总资源数字和各类土地面积等资料。二类调查的主要任务是以局（县）或场为总体查清资源，落实到山头、地块，主要是为森林经营规划设计提供资料。为编制森林经营规划设计和计划方案，需按树种、龄级、径级和材质来区分立木蓄积。作为判断森林生产力高低的重要依据和调整可采量的重要指标的蓄积生长量，还需要按径级、龄级和树种予以分类。一定面积上有关疏伐计划指标的资料，则是每公顷的立木株数、混交林木的空间分布、母树的空间分布。同样，为评定更新情况，还需要充分的、合乎更新要求的适生树种的幼树密度等系统资料，并要取得高精度的林相图、各种土地类别面积、各种资源统计表和森林调查簿等资料。三类调查的主要任务是查清伐区、作业区和小班的资源现状、地况和更新情况，以满足作业设计的要求。

总之，调查的总任务是查清森林资源现状及取得其动态资料，对集约经营的森林，尚需要制定森林经营模型、生长预测模型，建立森林经营管理系统——森林档案数据库，绘制林业各种专业图——立地图、生产效益图、火险图、森林经营规划图和微生物分布与区系图等，编制各种数表，如森林生长量、消耗量、蓄积量统计表，经济植物和林副产品资源统计表，野生植物资源统计表等。森林调查内业的任务可归结为绘制各种专业图、计算统计各种资源统计表和编写森林调查报告。从现阶段来看，由于电子计算机在林业上广泛使用，森林调查的内业可以全部实现自动化，节省了大量人力和时间。

第三节　森林调查技术的发展

森林调查学这门学科是随着林业生产和其他学科的发展而发展起来的。森林调查作为一种专门技术，始于买卖青山时的树木材积量测，相当于现代的三类调查。19 世纪初，德国有较精确的森林地图和用形数法编制的立木材积表，但面积和材积都是采取全面实测，效率很低。后来用标准地调查，工作效率有了提高。这时森林调查的目的已转为编制森林经营方案、提供数据，属于二类调查，命名为森林经理调查。到了 20 世纪 30—50 年代，在森林调查中引进了抽样调查及航空摄影测量技术，调查效率大为提高。随后电子计算技术的兴起，又使调查数据处理和图面材料的编制趋于高速度、自动化。20 世纪 70 年代以来，由于森林资源数据库的建立与发展，森林调查的技术手段更臻完善。这时随着森林日渐减少和能源缺乏、环境污染等世界性危机的日趋严重，原有林业基层企业的森林调查，已不足以掌握全局。为了重新估计森林的经济、生态与社会作用，将起源于 19 世纪中欧的森林经理检查法所进行的森林经理复查，发展成为全国性的快速的森林资源连续清查，形成了独立于二类调查的完整的一类调查。迄今，世界上许多发达国家已先后进行了 3 次以 10 年为间隔期的连续清查，为编制国家或大地区的林业发展规划提供了资源信息。日本经过 3 次全国性森林资源调查后，由于基层调查细致可靠，且实行了全国电子计算网络资源管理，已改为只有二、三类森林调查。中国从 20 世纪 50 年代起开始森林调查工作。50 多年来，应用抽样及电子计算机、林业遥感等先进技术，查清了森林资源情况，进行了全国各大林区的森林经理调查，建立了森林调查的三级体系，森林资源数据库自动化体系也正在逐步建立中。从世界各国来看，森林调查技术的发展过程可以概括为以下几个阶段：

①目测调查阶段：18 世纪前，资本主义发展初期，当时是买卖山林，林业生产的情况是小面积集中采伐。这一时期森林调查没有形成完整的学科，只能进行目测调查，以估测森林蓄积量为主。到了 18 世纪，目测全林总蓄积量的方法是将调查地区分为若干个分区，以目测方法估计单位面积的蓄积量，并将样地上的样木伐倒实测其材积，以校正目测调查的结果。这种目测调查法至今仍为林业调查工作所沿用。主要是由于这种方法快速，对结构简单的森林是一种最适宜的方法。自 1993 年起开始有人研究目测的偶差和偏差，并指出采用回归分析方法有可能校正由调查员产生的偏差。在大面积森林调查时只能在其中选定若干个观测点进行目测，很难满足精度要求，这种方法只适用于小面积、林相简单的森林。

②实测阶段：到了 19 世纪初期，测树技术有了迅速的发展，林业工作者开始利用胸径、树高、形数与材积之间的关系分树种编制了立木材积表。由于交通和工业的发展，对林产品的要求由薪材转入用材，林业生产逐渐发展，目测小面积林分以推算全林蓄积量的方法已不能满足实际需要，目测法逐渐由实测法代替。由目测调查到实测调查阶段经历了近 200 年时间。当前，全林实测法在世界上某些国家中仍然采用，特别是在珍贵林分或伐区调查中，仍采用全林每木调查法。但是，这种方法成本高、速度慢。

③森林抽样调查阶段：对于小面积的森林来说，采用全林实测法是可以的，但对大面积森林来说全林检尺是不可能的。人们认识到，采用抽样调查法

可以降低成本。林业上首次应用抽样法是在 18 世纪末。19 世纪在估计各个林分时只偶然采用抽样法。在中欧盛行皆伐作业，人工更新后形成了大片人工纯林，所以人们编制了各树种和各地区的收获表，用以推算较大面积的森林蓄积。北欧等国相继采用带状调查法推算大面积林分蓄积。等距带状调查可得出各类型面积和调查地区的林相图。1950 年前后，带状调查法曾介绍到缅甸。这种方法以林班为清查单位，采用 5%的线性抽样法，经修改后在现代热带雨林调查中仍有重要地位。欧美曾采用 5%～10%的带状实测法，苏联采用过方格法带状实测；我国曾经采用过成熟林小班 5%的标准地实测法等，都属于这一时期的调查方法。

20 世纪在森林调查技术上有了新的突破。法国 A. Gurnaud 和瑞士的 H. Biolley 提出"检查法"（method of control）。它是用连续清查法比较两个时期的调查结果，取得林分的定期生长量。1947 年，W. Bitterlich 提出角规法测定林分每公顷胸高断面积，以推算林分蓄积量。

由目测调查发展到实测调查初步地解决了精度不足问题，但是主观地决定实测比重，增加了不必要的工作量，形成了工作量与精度的矛盾。20 世纪初，由于林业生产的发展和需要，世界上有些国家进行了大面积森林资源清查和国家森林资源清查，使得工作量与精度这一矛盾更加尖锐化。为解决这一矛盾，必须探索更为完善的调查方法。当时数理统计的理论得到迅速发展，很快便引入森林调查中来，对资源清查方法起了决定性的影响。为了更好地解决工作量与精度的矛盾，数理统计的理论提供了设计最优森林调查方案的理论和方法，即用最小工作量取得最高精度，或按既定精度要求使工作量最小，初步地解决了精度和工作量的矛盾。这是森林调查技术中的一个突破，它突破沿用的实测条框，跨入了森林抽样调查阶段。

应用数理统计和概率论的理论进行森林调查，始于 20 世纪 20 年代，最初是挪威、瑞典和美国应用，1930—1950 年逐渐推广到其他各国。统计上对于方差和协方差分析研究，对森林调查技术的发展有很大影响。抽样方法的改进亦成为森林调查设计的重要的法则。在 20 世纪初，开始研究两个变量之间的方差，并使复相关分析方法得到了发展，编制立木和林分材积表的方法也得到了改进。19 世纪用抽样法时，无法估计出总体平均数真值的误差，从 1930 年起，概率论的进一步应用，使抽样资料既可靠又能达到要求的精度，并可估计出总体平均数的置信区间。至今，数理统计在森林调查中仍起着重要的作用。

抽样调查法与标准地调查法相比，前者避免了主观偏差，并且抽样调查方案一经制定，操作比较简单，便于组织生产。由于抽样调查的理论和方法不断地发展和完善，因此森林调查精度不断提高，调查方法也更加多样化。

中欧和美国森林调查方法发展道路不同。在数理统计出现前，中欧已经发展了林分调查法，即以小面积调查的数据汇总成为较大面积的数据的调查法，至今仍为中欧的典型资源清查法。用数理统计的理论设计区域性和全国性的森林资源清查法是20世纪60年代传入中欧的。美国在20世纪数理统计引入林学领域之后，才开始进行森林资源清查。其技术发展的路线与中欧相反，它主要是对大单位进行森林抽样调查，取得总体的资源数字，不是由小面积调查数据逐级汇总取得。小的、次级清查单位资料则由单位推算。这种方法的优点是抽样强度低，调查总体的总资源精度高。次级单位的资源数据精度不高，对生产用处也不大。

在中欧有少数林业局是以目测法进行林分调查的，多数林业局用全林实测法取得每一林分的数据；对小林分要求很高的调查精度时，采用抽样调查成本较高。其发展趋势是仍以林分调查为原则，改进抽样方法，以较低的成本取得施业区的精确数据。美国的发展趋势是进一步精细制订出一种从全面到局部的方法。用0.03%～0.1%的抽样强度进行大面积调查的数据补充附加资料的办法，取得较小清查单位的数据。

19世纪末，出现了森林航空摄影，德国的一个林业工作者用拴放气球取得航空相片。20世纪20年代用于森林调查中，促使森林调查技术得到了进一步的发展。但在中欧各国未进行推广应用，所以对这些国家的森林调查方法没有发生影响，后逐渐由美国、非洲、加拿大、澳大利亚和新西兰等国加以改进。应用航空相片进行森林调查，可以取得各种土地类别的面积。航空相片提供地物影像，它客观地记录了地物在摄影瞬间的实况，反映了森林和地物实况。从相片上可以判读出各种林分调查因子，如林木组成、林龄、地位级、郁闭度等因子，并可以利用航空相片绘制林相图等图面材料。对于难以到达的人烟稀少、粗放经营的原始林区特别适用。利用航空相片调查的局限性是需要建立相片判读与地面实测数据的相关，完全脱离地面材料的相片调查法，只限于某些勘察类型的调查。

数理统计促进了航空摄影技术在森林调查中的应用。它提供最优森林调查方案设计的理论，用较低的成本就可以取得满足生产要求的调查资料，采用抽样技术对森林类型面积可作出全面估计，相片上测得各种林分调查因子后，用复相关分析和适当的抽样技术，能很好地估计出林木蓄积。经地面检查后，再用回归分析可以消除航空相片判读的偏差。

20世纪60年代出现多光谱扫描仪，并初步建立图形识别学说。20世纪70年代出现地球资源技术卫星，后改为陆地卫星，同时电子计算机得到了广泛应用。它们使森林调查得到迅速发展。多光谱相片和陆地卫星的TM影像，提供了大量信息，对大面积林区的森林分类判读十分有利。应用电子计算机进行森林资源的统计、分析，缩短了森林调查的作业时间，森林调查的内业可以全部实施自动化。航空相片和电子计算机是现代森林调查不可或缺的工具。林业遥感、模式识别和数理统计相结合，构成现代森林调查的基础，为今后的森林调查开辟了更加广阔的技术领域。

按照生产和调查要求，根据设计的原则和指导思想，森林抽样调查设计的发展过程概括为：100％实测—固定面积样地—点抽样—3P抽样—模拟样地抽样。

100％全林实测在其他情况相同的条件下，可以提供最精确的总蓄积数值。在世界上许多国家的木材销售中，它仍然是普遍采用的一种方法。全林实测在统计含义中没有抽样误差，其缺点是工作量大、成本高。在大面积森林调查中，100％全林实测实际上是不可能的。固定面积样地（如0.08公顷的样地）设计的目的在于抽取量测的林木。在总体内随机或系统抽取样地，在一定大小固定面积的样地上量测的树木株数决定于样地内出现的株数。因此，在调查的结果中包括的小树（低价木）和大树（高价木），它们都在样地内。

在探索如何把样本分配在林木大小不同等级中的同时，形成了点抽样体系。它抽取样本的概率与胸高断面积成比例。它比抽取树木的概率与株数成比例的方法更为有效。断面积与材积之间存在着高相关关系，但这种相关关系不完善，因为观测两株断面积相同的林木是不难的，但是，这两株由于削度、树高和树木的发枝习性的差别造成的锯材材积不同，因此比较起来又是很难的。

抽取样木的概率与材积或经济价值大小成比例会有明显的优点。这就是3P抽样设计的着眼点。通常设计的3P抽样方案多用目测材积抽取3P样木。模拟样地抽样设计是根据森林生物学特征，先把现实林地构成模型，根据模拟的特点估计总体。这种方法把森林生物学特征和调查方法结合起来了。

第四节　森林调查的现状和发展趋势

一、森林调查的现状

由于现代世界各国国情和林业生产发展的水平不同，森林调查的发展水平和调查方法也有差异。即使在同一国家内的各地区森林调查方法也都不相同。总的来看，当前世界各国的森林调查大多数是以森林抽样调查为主，并应用遥感技术和电子计算机进行森林调查和统计分析工作。采用森林抽样调查法的主要原因是：①森林面积大，全面调查有时不可能，也没有必要，如调查某种树木心腐病时，就不可能全林伐倒进行调查。②森林的生长和发育大部分属自然变异，如林分的平均直径和材积都是正态分布。因此森林是抽样调查方法的理想对象。③在一定精度要求条件下，抽样调查可以设计出最理想的调查方案，即用最少的工作量完成既定精度的调查任务。

遥感技术和电子计算机是现代森林调查的重要组成部分。它们三者结合起来促使森林调查技术发展到一个新的水平，即形成了一个复杂的多功能的调查系统。这个系统是伴随着光学、电子学、数学、数字图像处理和模式识别等学科发展起来的。这种多功能的调查系统可以实现森林判读、调查和成图的自动化，但当前仍处于试验研究阶段。例如，苏联为了在实际工作中实现航片、卫片处理与林业成图自动化这一设想，全苏联林业调查设计局建立了森林航空与航天信息自动化处理实验系统，并在几年中运用得很有成效。

美国的森林调查由过去的森林资源调查转入多资源调查。多资源调查可以定义为一种调查系统，它把样本测定值、环境特征，包括土壤、水、气候、地形、地貌等与现有资料信息综合分析，以评价资源现状、预报生产力和资源利用间的相互作用。对资源清查来说，这种调查方式是很有必要的。因为，分别进行几种单一的资源清查，可以相同的时间、地点一次收集全部所需要资源参量的量测值和观测值，故可评价资源间的相互作用。美国从 1974 年以后在国用林系统进行多资源清查方法的试验。用连续清查数据建立资源数据库，再向多资源过渡。1978 年以后，将原森林资源调查改为多资源调查，纳入再生资源评价体系，增入评价所需要的信息。其他所有权林地也必须收集法定多资源条目与计划，全国初步形成多资源体系，可随时为国家决策提供多资源信息，为地方提供制定多资源发展利用规划的依据。

20 世纪 70 年代后期，加拿大普遍采用了新技术，如 3P 抽样 SPR 法等在一些省实际应用后，效率明显提高，获得了理想效果。20 世纪 80 年代开始，用新的卫星图像分析系统（简称 GEMS）在某些省进行自然资源调查，把陆地卫星资料，通过数字图像处理变为图像。从该图像上可直接识别出各种地类，如陆地、水、溪流、道路、针叶林与阔叶林等。其原理是把地面各种不同物体的固有颜色转变为相应的电磁波信号。该系统给林业工作者提供了较好的森林资源信息资料，可利用它安排长远的森林经营规划。卫星图像尚未成为森林调查的必要手段。最近几年，加拿大把研究重点放在航天遥感和大比例尺相片上，在森林动态监测、成图和数据更新等方面有所发展。为调节某地区的森林资源信息，已研制出森林资源信息系统。如包括野生动物、水和矿物资源的话，可把该系统扩大。加拿大的不列颠哥伦比亚省等地区，也使用兼容的模拟器系统。这种系统除用于生长量的估计和预测林分收获量外，还可设计出中、幼龄林的疏伐方式和森林更新调查数据。预计，仅数据更新一项，在最近 10 年内就可节省大量资金。加拿大已开始注意综合资源调查问题，并准备在全国开展森林生物量调查。

日本在 20 世纪 50 年代中叶到 60 年代末期曾进行过三次全国森林资源调查，其目的是利用抽样方法在短期内得到精确的全国资源数据。此外，日本还进行国有林和民有林地域性森林资源调查以及国有林和民有林业务计划及施业计划的调查。前者相当于我国的二类调查，后者相当于三类调查。

日本在森林调查中一般都采用电子计算机编制森林调查簿。有些营林局用编制程序利用生长率的小班信息自动输出和打印总成果。当时日本的电算处理在森林计划方面的应用还处于起步阶段，其趋势为制定全国森林计划系统。这个系统由三个系统组成，即全国森林计划系统、地域施业计划系统和事业计划系统。整个森林计划系统可以及时收集小班或林分的动态信息，自动更新地域施业计划系统和数据库中的相应数据。其功能是整理存储全国森林综合调查系统，木材供需预测及经济、社会信息系统的资料。把这些资料输入全国计划子系统中，编制全国森林计划。

全国森林综合调查系统、木材供需预测系统等是独立系统，分别收集资料，处理后输入数据库。全国森林综合调查系统通过定期进行的全国森林资源调查及综合调查，收集森林资源和森林环境的信息资料，为建立全国森林计划提供依据。还可以利用遥感图像和双重抽样法进行土地现状分类。地面样地全部固定用连续清查法（CFI）取得资料存储在生长模型的子系统中，并根据地域施业计划森林调查子系统的有关资料和 CFI 资料建立用于小班或林分的数据自动更新的生长模型。以全国森林计划子系统及以其为基础建立的经营基本计划作为制订地域森林计划和其施业计划的制约条件，转入下一级系统。国有林的地域施业计划系统中，分地域施业计划区，从施业事项情报子系统和地域施业森林调查子系统得到每个事业区和每个小班的信息构成这一系统的数据库。用小班的信息资料建立地域施业计划的系统，以经营基本计划作为制约条件建立地域施业计划。这一系统的调查不同于全国森林计划而进行的森林综合调查，因为它需要小班的面积和林相图。因此采用航空相片分层和地面双重抽样调查法是解决这一问题的有效方法。编制地域施业计划只收集必要的小班资料即可。其样点资料也作为 CFI 数据输入建立生长模型的子系统中，以便制出精度高的生长模型，作为小班自动更新资料。地域施业计划系统与地域森林计划系统基本相同，但不需收集每一个林分的经济、社会的信息资料，只有关于基本计划区的总体资料就够了。

事业计划的子系统可掌握小班或林分的动态信息，以便建立自动更新系统。营林署将局数据中属各事业区部分作为各事业区的数据库。抽出进行施业的小班，建立主、间伐计划和采伐更新计划。计划一经实行即将信息资料输入数据库中进行修正，并把修正情况输入地域施业计划系统的数据库中，自动更新资料，使其在计划中起作用。县的这些资料从森林组合中获得。

由上可知，森林调查系统的基础非常重要，尤其 CFI 系统是不可缺少的，因为它为建立生长预测和数据自动更新模型提供了所需要的数据。

世界上几个主要国家森林调查技术的现状和水平概括如下：

1. 美国　美国各州和各公司的森林调查方法不统一，但其基本措施相似。其主要方法是：①双重抽样法。在国家一级的森林清查中，各州多采用相片样地与地面样地相结合的分层双重抽样法，应用航空相片区划森林类型。在森林经营规划中多采用航空相片分层抽样调查法编制森林类型图。一般是在 1：24 000 比例尺的相片上区划小班、成图和求算面积。从中抽取部分小班调查，每个小班设 5～15 个样点，在其上设小样圆量测幼树。对胸径大于 12.7 厘米的树木进行角规控制检尺，其中落在公里网交点上的小班，在交点设置固定样地进行连续清查，调查后把每个小班面积、层的因子输入林务局、林场数据库，以便下次调查时更新。全部分析均由计算机进行。以专用的经营软件运算出最佳经营方案。在抽样调查的基础上进行逐块细查。对具有商品价值的小班进行林木抽样调查，以满足确定小班经营措施和木材销售计划的需要。这种调查约在 10 年内把全部小班复查一次，查后更新第一阶段每小班的调查数据。其调查目的应满足集约经营的要求。②点抽样。群团设置角规点，用角规控制检尺确定单位面积蓄积量。该法较不成团设置角规点的点抽样更能提高抽样效率。③固定样地定期重复观测的连续森林清查法，各州建立连续森林清查体系。总体内系统设置固定样地，定期重复观测，确定森林生长率、生长量、枯损量、蓄积量、更新演替等动态变化资料。

美国森林调查的内业汇总和计算分析均由计算机完成。外业调查卡片的格式与记录项目由计算机打印，调查后输入微机进行错误纠正、汇总与分析。整个系统为图形式数据库。图面材料通过数字化仪的图形输入板将全部数据以坐标方式输入计算机，存入主文件库，同时也输入相应位置的调查和说明，组成一个既有空间位置，又有说明资料的可随时更新的数据库。输入图面资料的信息为：各种境界线、自然地理要素、人工要素、育林措施、森林保护和木材加工点情况。这些信息互相叠加构成信息层；利用数字化器配合计算机求算面积；用数字化器将小班轮廓输入计算机，采用坐标求积法直接求算小班面积。该法不仅解决了求积问题，而且建立了图像数据库。

2. 日本　日本的森林资源调查当前主要是应用遥感技术和各种常规森林

抽样调查法。航空遥感始于 20 世纪 20 年代，发展到现在已很成熟，在森林调查中得到广泛应用。

日本的森林植被基本查清，仅在有变化的地方进行修正，日本的森林施业案每五年进行一次修订，并进行一次航空摄影。利用相片判读和分析森林的动态变化。在森林判读方面，主要是研究阔叶林的树种判读，利用的相片比例尺为 1∶6 500，山区为 1∶800。

日本在森林调查中应用航空遥感始于 1974 年，起步较晚，但发展较快。日本的地面接收站接受美国的卫星信息，由信息接收到信息处理有完整的系统。其可接收日本、中国一部分和东南亚的卫星资料。航天遥感主要是利用多光谱卫片进行假彩色合成，用目测判读法进行分类，主要用于以流域为单位的土地利用现状，森林分布和大面积林地的开发利用调查。利用多光谱四个波段的计算机兼容磁带，采用计算机和数字分析装置进行自动分类、分析和处理。这种方法主要用于掌握以流域为单位的土地利用现状、森林分布、树种分析，并用于对小面积林地、采伐地区进行抽样，掌握森林病虫害情况，制订城市环保计划，进行土地利用和森林分布图的绘制。在森林植被调查中，当前正利用TM 影像进行分析和处理。在植被分类中，利用 TM 影像的 5、6、7 波段取得了良好效果。

日本的常规森林抽样调查法主要是应用航空相片的双重抽样调查法、全国性的连续森林资源清查、点抽样、目测调查和小面积的全林检尺等方法。总之，日本的森林调查方法较多，其技术特点是目前不进行全国性的连续森林资源清查，也没有专项的伐区调查。航摄及森林调查计划是国家计划的组成部分。森林调查是直接为各级森林计划、各种经营施业计划和各层生产单位服务的。日本的森林调查计划性和针对性强，目的明确，方法服从于目的，遥感技术和调查方法的选择都是以实用价值和经济效益为转移。

3. 原联邦德国　原联邦德国提出全国性的森林资源设想方案，其要点为：①目标是了解森林资源现状，并确定各类森林利用的可能性，预测 20～40 年木材产量发展趋势，对森林经理成果进行综合平衡与调整。②方法是采用卫星图像、航空相片与地面结合的多抽样调查法。通过卫片、航片计算各类森林面积，利用 1∶40 000 的彩色红外相片进行详细的森林分类。地面调查采用连续森林资源清查法，系统布点，方形样地间距 4 千米。

原联邦德国的森林经理采用小班经营法。小班面积一般为 5～10 千米^2，以往调查的实测比重较大，约有 30%～50% 的小班进行实测，现要求 10%～15% 的小班实测，即 10 年内采伐的小班 10%～15% 实测；其余成熟林小班有30% 用目测配合角规方法进行调查，30%～40% 的小班用抽样方法调查，

10％～15％的小班用生长量模型进行数据更新，成熟林调查精度要求95％。

原联邦德国的伐区调查是森林经理调查的一部分。电算在森林调查中应用比较广泛，为提高调查数据的利用速度和效率，并根据生产及经营的需要，建立了许多数学模型，以便制定计划、调查、生产及预估各项森林经营效果等。原联邦德国的森林经理重视基础工作，从1892年开始设置固定样地，每5年重复观测一次，至今已有100多年的复测数据。它是研究森林生长和发育的规律、林分生长过程、树种更替和林业数表的基础数据，计算机可随时调用和分析这些数据，并编制了立地图和森林效益图，给科学经营、充分发挥各种土地生产力，制定各种经营计划、规划提供了科学数据。

编制立地图，最大工作量是收集土壤剖面材料，在调查地区内每隔60米用土钻取一个土样，对土质、根系形态进行分析，由土壤、地理及其他专业人员共同完成立地质量的鉴定及编图工作。编制1：50 000的各种森林效益图。这两种图是森林经理的基础材料。它解决二类以林分为单位的经营方向，以及树种、林种两大问题。其都是通过图面影像反映出来的，一目了然，给制订计划提供了方便条件。

4. 苏联　苏联的森林调查向两个方向发展，即利用遥感技术进行森林资源调查、制图和评价资源现状及利用电子计算机和数学方法处理森林经理资料和规划设计。

为减轻外业工作量，提高调查精度和可靠性，由1976年起，森林调查开始采用1：500至1：3 000的大比例尺相片进行量测判读，内业资料整理采用电算，由计算机处理各种资源统计表。最近几年研究林木生长和调查因子间的各种数学模型，确立森林利用量最优方案的数学模型等。使用森林经理资料处理的成套程序进行数据处理，扩充了资源内容，提高了质量，并建立起森林资源数据管理库。

苏联的森林调查根据经营水平、经济条件和林区情况不同，采用的调查方法也不一样。在森林集约经营的地区和进行过森林经理的地区，采用抽样调查与小班相结合的方法；在远东与西伯利亚等边远林区，采用相片判读的方法。

5. 中国　在20世纪50年代，我国主要利用航空相片进行目测调查，用轮廓判读法勾绘小班，相片起草图作用；利用相片成图进行面积求算。20世纪60年代主要利用航空相片进行森林分层抽样调查，用轮廓判读法在航空相片上判读分层小班，相片起分层作用，并进行相片测树和航空相片材积编制的试验研究。20世纪70年代主要是利用航空相片进行双重抽样，编制航空相片蓄积量表、数量化林分蓄积量表，用以确定小班蓄积量，并进行了以省或地区为总体的连续森林资源清查。20世纪70年代后期，对航天遥感在森林调查中应用进行试验，20世纪80年代进行了大规模试验，并探索其投产的可能性。电子计算机在森林调查中广泛应用，森林调查内业实现了自动化。我国森林调查中当前采用的主要方法为：在一类调查中主要是连续森林清查法，以省为主体设置固定样地定期重复观测，有些省已进行第三次复查。二类调查的方法较多，主要有回归估计、抽样控制总体法和目测法。回归估计利用辅助因子，可以提高主要因子的精度，在抽样强度相同时，它比简单随机抽样的精度高。多元回归可采用数量化方法进行，它是以相片测树和数量化理论为基础的，把小班判读因子数量化和实测值配制多元回归方程，用它将蓄积量落实到小班。这种方法是以数量化后的小班判读因子为自变量，其实测蓄积量为因变量，配置多元回归方程用以估计总体和小班的方法。其特点是利用了相片的量测性能，充分发挥了相片定性定量的潜力。大量外业工作可转为室内判读，与其他调查方法相比可提高调查的速度和质量。

抽样控制总体法是以林场或乡为总体，在总体内结合小班设置样地，它的布设要符合随机的原则，数量要符合精度要求。所有小班蓄积累计与总体抽样调查蓄积相比，根据精度要求评定小班调查总蓄积的精确度。在近期不开发或经营强度较低的林区可以应用。目测法是根据调查人员平时多次量测各项调查因子所积累的经验和掌握的林分生长规律对调查对象作出判断。调查前要进行目测练习，合格后允许进行目测。目测时可使用各种辅助工具，以核对目测的准确性，并深入小班内部选定足够数量的有代表性的调查点进行调查。三类调查方法主要是实测法和系统抽样法。它在无周期的影响下比简单随机抽样精度高。系统抽样和简单随机抽样是其他抽样调查方法的基础。

二、森林调查的发展趋势

应用电算和遥感技术的森林调查体系建立后，可以解决森林调查自动化问题。长期以来，世界各国的森林调查，用以外业的工作量在成本中占有较大比重。如能减少外业工作量就可以降低成本，加快调查速度。如何在保证精度的条件下，减少外业工作量，一直是森林调查技术发展中的难题，更是今后探索的方向。

从森林调查技术研究成果来看，减少外业工作量大致有以下几种趋向：

1. 应用遥感技术　在森林调查中利用遥感方法取得森林资源信息是提高森林调查效率的重要途径。遥感技术在现代的森林调查中起着重要的作用，它已成为森林调查中不可缺少的组成部分。陆地卫星资料的自动分类技术在自然资源的宏观勘测中起到了巨大作用，通过航空相片的自动判读提取林分的主要调查因子的研究处于初期的实验研究阶段，但可以看出，它在森林调查中必将产生技术上的重大突破。它不仅改革常规的调查技术，专业图的编制技术，而且将改变整个森林调查技术的体系。

森林调查要满足林业生产、实现可持续发展的要求，必须要保证以足够精度取得小班经营所要求的各项调查因子，如蓄积量、生长量、枯损量、林龄、直径、树高、消长变化、立地生境等。必须使蓄积量精度落实到小班，其精度至少达80%以上。从当前的调查方法看，使小班蓄积量精度达80%以上，要花费大量的人力、物力和财力才能办到。因此必须要探索新的调查方法以解决工作量大、成本高的问题。如何解决呢？从当前遥感技术发展的水平来看，卫星相片地面分辨力较低，用于森林调查中解决微观问题（即小班调查因子）的提取是不可能的；航空相片在现阶段主要用于轮廓判读和成图，相片具有的丰富信息没有得到充分利用。当前，为了解决林业生产问题，主要是应用航空遥感技术，挖掘相片潜力是提高森林调查质量和速度的重要途径。

从相片提取林分调查因子，当前有两个途径，一是采用大比例尺相片，利用1：500至1：1 000的超大比例尺相片，用测树判读法取得林分调查因子。它与地面调查法相比，调查速度提高9倍。但超大比例尺相片成本较高，没有足够的资金难于实现。另一种途径是从相片上自动判读提取林分调查因子，以便最大限度地减少森林调查的外业工作量。森林自动判读调查法的理论基础是森林和树冠的光谱特性及用数字图像处理和模式识别的方法，自动判读林分株数、郁闭度和蓄积量等因子。

利用卫星相片反映动态快的特点，对整个林区可用陆地卫星资料进行森林动态监测和资源数据更新等，通过不同时期的定期处理，由卫星遥感资料即可取得这些结果。由于森林具有辽阔性、再生性及森林经营需要准确的分类和得到各种数据，所以森林调查应用遥感技术具有周期性、季节性、点面结合、地空结合和多种比例尺配合的特点。从遥感调查技术范畴看，林业遥感在抽样航空摄影方面，相片判读技术方面，应用遥感技术进行地面抽样的地空结合方面，以及在应用光谱段比、多时相分析等增强技术进行分类方面有自己的特长。

航空相片由于分辨率高、判读性能好，仍然是森林调查中应用的主要图像资料。在特大比例尺摄影的相片上抽样，用量测判读法可取得林木株数、树高、蓄积量等因子，红外彩色相片对森林病虫害的探测极为有利。由于绿色树木大量反射绿光和红外线，用柯达红外彩色片2443/3443拍摄时上层感红外光，曝光后呈青色；中层感绿光，曝光后呈黄色。在透光桌上判读这种红外彩色透明正片时，白光向上透过正片，绿光和红光可以通过，通过的红光强些，故呈红色。针叶树由于近红外辐射比阔叶树小，绿光波段比阔叶树大。该红外彩色片曝光后青色较浓。在判读透明正片时，通过光较多，呈暗红色。受害的树木红外辐射减弱，判读时呈蓝红色。如果树木濒于死亡，红外辐射更弱，树冠变枯黄色，致使红外、红光、绿光反射均匀，判读时呈灰白色。

目视判读在森林调查中有悠久的传统，它只需少量设备，能充分发挥判读员的经验，仍然是森林判读中常用的方法。把卫片各波段进行假彩色合成，可提高目视判读效果。利用彩色透明正片至少可以把针、阔、混合次生林区区分开。为了用光谱段比的方法突出森林地类，需用 MSS 负片晒制重氮片。不同波段的正、负重氮片叠加后产生增强效果，可以突出一些目的地类。

2. 进一步发挥现有资料的作用，研究效率更高的森林调查方法，改进现有的森林调查体系　20 世纪 70 年代后期，遥感技术的自动分类进展较大，在自动分类的基础上进行地面抽样和像素单元结合起来，利用地面材料和遥感资料更新资源统计资料。加拿大认为最先进的森林调查体系必然是自动分类、绘图、多阶、多相抽样，各种比例尺抽样摄影，特大比例尺相片抽样量测等相结合的一种新体系。

3. 在森林调查实践中，实现森林调查自动化　苏联已研究出一些自动判读方法。例如，采用卫片资料可有效地解决火烧迹地的划分问题。此外，其建立了森林清查材料的机械化判读程序系统。该系统可解决下列问题：①确定主要清查指标；②根据彩色卫片划分森林地段，绘制分布图并确定其面积。随着数学计算系统及程序系统的不断完善和发展，卫星资料在林业中的使用效率将会大大提高。

◆ 参考文献

吉林省林业学校，1981. 森林调查规划 ［M］. 北京：中国林业出版社.

亢新刚，2011. 森林经理学 ［M］. 北京：中国林业出版社.

张建龙，2020. 中国森林资源报告（2014—2018）［M］. 北京：中国林业出版社.

赵忠，2010. 林业调查规划设计教程 ［M］. 北京：中国林业出版社.

◆ 思考题

（1）什么是森林调查学？

（2）森林资源调查可分为哪几类？简述其各自的目的和任务。

（3）简述森林抽样调查设计的发展过程。

（4）应用航空相片进行森林资源调查的优点及局限性是什么？

（5）采用森林抽样调查法的主要原因是什么？

（6）简述森林调查技术的发展趋势。

第三章 森林资源信息的收集及 3S 技术在森林资源调查中的应用

第一节 航空相片判读的原理

航空相片判读也称航空相片解译。它是根据地物波谱特征、影像的成像规律和判读特征，分析和提取影像信息、确定地物性状及其数量的技术。

判读方法一般是目视判读与仪器量测判读相结合。判读需掌握地物的波谱和片种特性、地物的几何形状和分布规律等。具体来说，判读标志包括以下几种：

①形状。构象的形状是判读的主要标志。因为影像和地面物体保持着固有的几何形状。当然，构象的形状也同时受到中心投影的规律所支配。此外，比例尺越大，地物形状越明显，便于判读。反之，地物构象越细小，甚至消失。

②大小。地面物体在航空相片上构象的大小，决定于航空相片比例尺。根据比例尺，即可确定地面相应物体的大小。

③色调。地面物体呈现出的各种自然颜色，反映在黑白相片上即黑白深浅程度不同，这种黑白层次称为色调。它是航空相片的一个重要判读特征。色调在负片上为密度差异，而反映在相片上则是黑白层次等级。它是地物反射强度和反射波段的综合反映。色调与反射率和颜色波段的关系见表 3-1、表 3-2。此外，影响灰度的因素还有感光材料及冲洗处理条件等。

表 3-1 色调与反射率的关系

灰度	白	灰白	浅灰	灰	暗灰	深灰	淡黑	浅黑	黑
灰度级	1	2	3	5	6	7	8	9	10
反射率（%）	90～100	80～90	70～80	60～70	50～60	40～50	30～20	20～10	0～10

表 3-2 色调与颜色波段的关系

色标颜色	白	黄	红	蓝	绿	黑
相片灰度	白	淡灰	浅灰	深灰	灰黑	黑

④阴影。凡具有高度占有空间的地物，摄影时未被阳光直接照射到的部分在相片上的构象称为阴影，而投落在地面上的影子被称为投落阴影。投落阴影有利于高度和方位的判读。

⑤颜色。当物体反射特定波段的光线，吸收其他波段光线时，就可以呈现出该波段的颜色。如森林植物反射绿光的强度，超过了反射蓝、红光的强度，所以呈现绿色。无疑，人眼分辨颜色的能力大大超过识别灰度的能力。所以，判读色片的精度很高。特别是彩色红外片，在林业判读中，具有比较特殊的作用。这是因为，彩色红外片反射了近红外光及绿光，呈现假彩色。航空相片的影像判读特征，除了以上所述的依直接组成影像的元素判读之外，还有间接判读特征。间接判读特征是指地物分布的规律性。判读过程中，需要将直接判读特征与间接判读特征结合，以提高判读精度。

第二节　航空相片判读的基本方法

航空相片判读按目的不同可分为森林判读、地质判读、地貌判读等，按判读方式不同可分为野外判读和室内判读、目视判读和仪器量测判读。

航空相片判读一般是先了解相片比例尺和摄影的时间、季节，然后通过地物在相片上的形状、大小、色调、阴影、相关位置等判读特征识别目标。

一、了解相片比例尺

了解相片比例尺对判读是很有必要的。根据判读特征去判读大而明显的目标是比较有把握的，但是对于较小的地物以及新增地物，必须根据地物之间的相互关系来确定它们在相片上的准确位置。这时，就需要依用相片比例尺将实地距离换算为相片上的相应长度来确定。

航空相片比例尺的大小与判读难易关系很大。比例尺越大，判读特征表现愈明显，判读就容易，反之就困难。

二、掌握摄影时间和季节

摄影时间和季节可以从航摄资料鉴定表中得到，相片的摄影时刻从相片上的时刻表可知，得知这些情况对判读也是有利的。如不同的树种有不同的季相特征。又如，根据摄影季节和摄影时刻了解到当地潮汐情况后，就可以正确地描绘出海岸线。这些情况在判读和注记时都是值得注意的。

初学判读，可以先选择比例尺较大的相片练习判读。相片比例尺大，判读特征明显。随后，相片比例尺可以逐步由大到小。地物可以由简到繁。判读训练可参考以下步骤和方法。

1. 航空相片定向　相片定向就是将相片的方位与实地一致起来。定向时，首先应判读出站立点在相片上的位置，并实地再选一明显地物点，旋转相片使相片的方位与实地一致。这样便于判读，特别便于描绘保持真方向的地物。在一个站立点定向后，相片方位要保持不变。

2. 航空相片定位　判读中，站立点很远时，站立点要尽可能高一些，看的范围才会大一些，范围大就更能从总貌上显示形状特征。特别是当相片比例尺较小、个别独立地物的判读特征不明显时，概貌特征就显得非常有用。所以，由远及近、由总貌到细部是判准地物的有效方法。以相片上最明显、最突出的影像去找实地的相应地物。或者以突出地物去找相片上相应的影像。以此为已知点，逐渐扩展开去。由一站立点转到下一站立点时，即可互相衔接。

3. 边走边判读　初学者一定要做到边走边判谈，随时了解自己在相片上的相应位置，不至于迷失方向，从而紧紧地把握住影像与地面地物标志之间的对应关系。

通过野外判读训练，建立判读标志；还可利用判读样片和判读检索表加以总结，以提供室内判读分析。

三、进行室内判读分析

在判读训练的基础上可进行全面的室内判读分析。判读分析是整个判读工作中最基本的工作，判读时要注意以下要点：由已知目标物推未知的目标物，即由此及彼；由常见的地物到少见的地物，即由浅入深；由直接的地面信息联系间接的地面信息，即由表及里等。室内判读分析要充分利用立体观察对影像进行增强，发掘图像信息的作用。判读分析除掌握航空相片成像的机理、地学和林学规律之外，野外工作和实际判读经验也是很重要的。

第三节　3S 技术及其在森林资源调查中的应用

3S 技术是地理信息系统（Geography Information Systems，GIS）、遥感技术（Remote Sensing，RS）和全球定位系统（Global Positioning Systems，GPS）的统称，它是集航天技术、传感器技术、卫星定位导航技术、计算机技术和通信技术于一体的现代信息技术。3S 技术高度集成了空间信息的收集、处理、管理、分析、表达、传播和应用等功能，在森林资源及土地资源调查、精密农业的运用推广、海洋导航、无人驾驶等领域有广泛的应用。

一、地理信息系统

1. GIS 概念　GIS 是 Geography Information System 的英文缩写，中文称为地理信息系统。它是以计算机软硬件平台为支撑，收集、存储、管理、分析和描述与地球表面（包括大气）和空间地理分布有关的数据的空间信息系统。生活中常见的地图本质上也是一种模拟地理信息系统，然而，地图上显示的空间数据不便于进行多层次的空间分析、精确快速的测量和及时的更新，特别是对于图形数据和属性数据的联合分析。而地理信息系统则可以借助自身的图形数据、拓扑关系和属性数据对地理信息进行系统、快速的空间分析。

广义上讲，GIS 是地理数据，计算机硬件和软件，专业人员三个部分的集合。地理数据主要有两种类型。一种是图形数据，即空间数据，通常用三维坐标 G、H 或地理坐标（经纬度、海拔）或其他坐标系坐标表示；包括空间坐标之间的拓扑关系，如果加上时间坐标数据，就是一个二维动态 GIS。另一类是属性数据，也称为非空间数据，是对实体数据的描述。例如，森林位置、森林类型、林分名称、树种、土壤类型、生长状况、林分面积、产权、用途等。计算机硬件是指计算机硬件环境，从高档微机到工作站，小型机以及集中或分布式网络环境均可。还包括输入及输出设备，如数字扫描仪、打印机、大地测量仪、电子罗盘和航空仪器设备等。计算机软件则是 GIS 的灵魂，利用地理信息系统软件进行空间数据的编辑、组织、分析、存储、管理和转换。据了解，目前世界上已经商业化的 GIS 软件有 300 多种，其中 ArcGIS、Intergraph、MapInfo、Bentley Map、GE SmallWorld 等国外软件比较流行。在国内，SuperMap、GeoStar、GeoWay、MapGIS 等软件也相继推出。专业人员分为软件开发人员和软件应用人员，开发人员需要有较强的编程能力，对地理信息系统的软件进行升级和完善，软件应用人员则是利用地理信息系统软件对地理数据进行操作，得到空间分析成果。目前国内人才主要来自计算机、信息技术、生态、林学等相关专业。

2. 数据结构　地理数据的图形数据，按结构特征通常分为两类：矢量结构和栅格结构。一般来说，栅格结构的数据易于与遥感数据相结合，建立 GIS 和 RS 的集成系统。而矢量数据在与遥感数据集成之前，需要先转换为栅格数据。

（1）矢量数据结构。从几何上说，空间实体可划分为点、线、面、体四种，可以用采样点 X、Y 坐标对空间实体进行表达：

点：(x, y)；

线：(x_1, y_1)，(x_2, y_2)，…，(x_n, y_n)；

面：$(x_1，y_1)$，$(x_2，y_2)$，…，$(x_m，y_m)$。

对于平面实体，最后一个点的坐标等于第一个点的坐标。

矢量数据基于采样点的坐标，可以尽可能准确地表达目标位置。对于地理信息系统，根据这种简单的记录方法，适当地增加目标的注记名称，美化输出线型、颜色和符号，就可以在矢量输出装置上获得精美的地图。

矢量数据结构最突出和最显著的优点之一是易于表达拓扑关系。拓扑学是一门研究几何图形或空间在不断改变形状后仍能保持不变的一些性质的学科。它只考虑对象之间的位置关系，而不考虑对象的形状和大小。而矢量数据结构能充分显示节点、圆弧和面块之间的所有拓扑关系。

（2）栅格数据结构。矢量数据结构具有精度高、拓扑关系易于表达、存储量少等优点。那么，什么情况下使用栅格结构呢？由于遥感、摄影测量和扫描的数据是以栅格的形式存在的，矢量数据结构不能直接用于栅格数据，对于这些数据的分析需要栅格结构。另外，栅格数据结构简单，空间叠加和空间分析容易进行，速度快。在 GIS 中，基于栅格的数据结构既节省了存储空间，又具有较高的运行效率。图 3-1 用两种数据结构表示了一个属性为 3 的点实体，一条属性为 5 的线实体，一个属性为 7 的面实体。

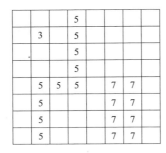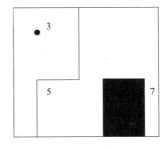

图 3-1　栅格数据（左）与矢量数据（右）示意

3. GIS 的基本功能　通常认为，地理信息系统具有五大功能。

（1）数据的采集与编辑功能。地理信息系统（GIS）的核心是地理数据库。建立 GIS 的第一步是将地面上的实体图形数据和属性数据等地理数据输入地理数据库，采集地理数据的仪器有大地测量仪、GPS、电子罗盘、地图扫描仪、手部跟踪数字化仪等，同时，航空航天及无人机遥感影像等也得到大范围应用。GIS 编辑功能的实现应包括人机对话窗口、文件管理窗口、图形编辑窗口，同时应具有显示功能、符号设计功能、图形编辑、自动建立拓扑关系、属性数据输入和编辑功能、地图装饰功能、图形几何功能、查询功能等。

（2）地理数据库管理功能。在数据收集和编辑之后，地理对象将被发送到计算机的外部存储设备，如 U 盘、硬盘、CD 等。当然，如此大量的地理数据需要数据管理系统，它的功能等同于在图书馆中对书籍进行分类，这方便管理员或读者快速查询所需的书籍。数据库管理系统应具有诸如数据定义、数据库建立和维护、数据库操作及数据传输之类的功能。

（3）制图功能。毕竟，地理信息系统是从地图中诞生的。因此，从测量人员的角度来看，GIS 无疑是一个强大的数字制图系统。可以根据用户需求提供主题图，如行政区划图、土地利用图、森林阶段图、森林资源分布图、城市建设规划图、道路交通图、地籍图、地形等高线图等；还可以通过地形分析得到一定的分析判断结果图，如坡度图、坡向图、剖面图等。数字地图的优点是可以不断更新，增加新的属性、要素、符号、颜色和标注，并实现等高线、经纬度等信息的同步显示。而且数字地图和分析结果显示图既可以显示在电脑上，也可以打印输出在图纸上，便于读者查阅。

（4）空间查询功能。该功能可把满足一定条件的空间对象查出，并将其按空间位置绘出，同时列出它们的相关属性等。查询方式支持由图查图、由图查文和由文查图，并给出新图和有关数据，帮助用户快速查找并理解信息。

（5）空间分析功能。地理信息系统与一般数字地图的本质区别在于，地理信息系统必须具备空间分析功能，这是地理信息系统研究的主要目标。只有通过空间分析，才能获得新的信息和知识，得出结论，这可以作为决策的重要依据。一个理想的地理信息系统，必须具有空间分析的功能。

4. GIS 软件产品　20 世纪 80 年代以来活跃的 GIS 软件公司和产品有：ESRI 公司的 ArcGIS、Geomedia 公司的 Intergraph、MapInfo（现为 Pitney Bowes）公司的 MapInfo、Bentley Systems 公司的 Bentley Map、SmallWorld 公司（现为 General Electric）的 GE SmallWorld、Caliper 公司的 Maptitude（随后的 Trans CAD）。其中，ESRI 公司的 ArcGIS 软件是目前应用最为广泛的一款大型通用 GIS 软件。而我国的 GIS 产品有：北京超图公司的 SuperMap、武大吉奥公司的 GeoStar、北京吉威公司的 GeoWay 和武汉中地公司的 MapGIS 等。近年来，随着 IT 技术的飞速发展和国家对 GIS 需求的共同推动，我国 GIS 软件得到了快速发展。未来，面对移动互联网、大数据、云计算等新一代 IT 技术发展趋势，GIS 软件的发展也将面临新的机遇和挑战。

二、遥感

1. RS 概念　RS 是遥感的缩写，遥感起始于 20 世纪 60 年代，来源于英文 Remote Sensing，可按字面理解为"遥远的感知"。它的特点是不直接接触研究对象，通过感知目标的特征信息（通常是电磁波的反射或自身辐射电磁特性），经过传输和处理，提取目标的形状、位置、大小、性质等信息。遥感是一种远距离的、非接触的目标探测技术和方法。广义上，一切无接触的远距离探测，如摄影、陆地、航空、航天摄影测量等技术，以及对电磁场、力场、机械场（声波、地震波）等的探测，都是遥感。但是通常情况下，对于力场、声波、地震波等的探测手段被认为是物理探测，即物探。因此，狭义上的遥感只包括电磁波探测。

电磁辐射源震动在其周围产生交变的电场，电场周围继续激发出交变的磁场。这种变化的电场和磁场交替激发，交替产生，形成电磁场。电磁场在空间中以波的形式传递电磁能量，这种波就是电磁波。将电磁波按波长的从小到大顺序依次排列，可划分为伽马射线、X射线、紫外线、可见光、红外线、微波和无线电。目前遥感应用的主要电磁波段包括紫外线、可见光、红外线、微波等。

遥感的技术过程可分为数据获取、数据传输、数据分析三个阶段。数据获取是通过遥感系统来获取目标对象的信息。目标对象反射辐射的电磁波主要来自太阳，太阳的波谱范围很宽，由紫外线、可见光、红外线等不同辐射波段综合组成。太阳辐射的电磁波透过大气层到达地面，与地表发生相互作用，地表物体对不同波长的电磁波选择性地反射、吸收透射。地表反射或发射的电磁波再次通过大气层被传感器记录下来，即完成数据获取过程。而获取目标对象信息遥感系统由遥感平台和传感器组成。传感器是接收并记录目标对象反射或辐射电磁能量的仪器，如摄影机、扫描仪等，类似于手机上的拍照镜头；遥感平台搭载着传感器在空中移动，如卫星、飞机、无人机等，类似于生活中的手机。遥感平台和传感器的多种组合，使得获取数据的方式变得多种多样。

数据传输主要由遥感卫星地面站完成。地面站的工作包括接收、处理、存档和分发各种遥感卫星数据。用户从地面站获得数据后，根据需要对数据进行进一步的处理，然后对数据进行解译，从中提取专题信息，即为数据分析阶段。数据解译主要有两种方式：一种是目视解译，即专业人员通过判读遥感图像获取特定目标地物信息；另一种是利用计算机，使计算机自动识别地物并提取专题信息。

电磁遥感技术按电磁波段可分为紫外遥感、可见光—反射红外遥感、红外遥感和微波遥感。按照遥感对象的能量来源，遥感可分为主动遥感技术和被动遥感技术。主动遥感是利用人工辐射源向目标发射一定能量的电磁波，通过接收其回波获取目标的信息。它主要出现在目标反射能量较弱的微波遥感中。被动遥感不需要人工辐射源，直接接收目标物体反射和发射的电磁波，从而获得目标信息。在大多数情况下，遥感应用的是被动遥感技术，如可见光反射遥感、热红外遥感等。按照遥感器平台的不同，可分为航天遥感技术（人造地球卫星、航天飞机、空间站、火箭等）、航空遥感技术（飞机、气球等）和地面遥感技术（车辆、船舶、便携式、高架平台等）。根据遥感的应用领域，可分为地球资源遥感、气象遥感、海洋遥感等。

2. 遥感轨道　遥感卫星也称作地球观测卫星，是指从宇宙空间观测地球的人造卫星。遥感卫星的轨道主要有地球同步轨道和太阳同步轨道两种。地球同步轨道上的卫星运动周期和方向同地球自转一样，都是自西向东运动，24小时运动一周。按照轨道倾角不同，地球同步轨道分为静止轨道、极地轨道、倾斜轨道。当轨道平面与赤道面夹角是 0 度时，卫星在地球赤道上空运行，此时卫星运动周期、运动方向与地球同步，卫星好像静止在赤道上空，因此，倾角为 0 度的轨道称为静止轨道。在静止轨道上运行的卫星称为静止卫星，静止卫星始终观测同一片区域，高度很大，约为 360 000 千米，因此观测的范围很大，被广泛应用于气象和通信中。当轨道平面与赤道面不重合，但不为 90 度时，为倾斜轨道，同步卫星的星下点轨迹就是在赤道两侧的特定区域内对称分布的"8"字形曲线。当轨道平面与赤道面轨道倾角为 90 度时，即为极地轨道。

太阳同步轨道指卫星的轨道面绕地球的自转轴旋转，旋转方向与地球的公转方向相同，旋转角速度与地球公转平均角速度相同，轨道面始终与当时的"地心—日心"连线保持恒定的角度。太阳同步轨道与太阳同步，距地球的高度不超过 6 000 千米。由于当卫星每次飞越某地区时，太阳都是从同一角度照射该地区，同样，太阳同步卫星也会每次都在同一当地时间经过该地，使得每次观测都处于基本相同的光照条件，便于对比分析。因此，太阳同步轨道也是遥感卫星常用的轨道。

3. 遥感卫星　遥感卫星经历了 20 世纪 60 年代的初期阶段、70 年代的初步应用阶段和 80 年代至 90 年代的大发展阶段。到了 21 世纪，按照观测方向和应用，遥感卫星主要分为气象卫星、海洋卫星和地球资源卫星三个序列。气象卫星是对地球及其大气层进行气象观测的人造卫星，多采用极地轨道和静止轨道。静止轨道气象卫星可以实时连续观测灾害性天气系统，极地轨道气象卫星为低航高、近极地太阳同步轨道，由于其轨道高度低，探测精度和空间分辨率都高于同步卫星。极地轨道每天绕地球旋转两周，每天对某一地区进行两次气象观测。目前，世界上主要的极地轨道气象卫星有美国的 NOAA 卫星、欧盟的 METOP 卫星、俄罗斯的 Meteor 卫星和我国的风云卫星，主要的静止轨道气象卫星有美国的 GOES 卫星、欧洲空间局的 Meteosat 卫星、日本的 GMS/MITSAT 卫星、俄罗斯的 GOMS 卫星、印度的 INSAT 卫星和我国的 FY-2 卫星。

海洋卫星是遥感卫星中的一个重要分支,专门探测全球海洋表面状况,监测海洋动态。1978年,美国发射世界上第一颗海洋卫星Seasat-1之后,苏联、日本、法国、欧洲空间局、中国等相继发射了各自的海洋卫星。目前,全球共有海洋卫星或具备海洋探测功能的对地观测卫星50余颗。海洋卫星一般具备大面积、连续、同步探测能力,为与海洋变化周期一致,卫星的地面覆盖周期多为2~3天,空间分辨率多为250~1 000米。海洋卫星在海洋水色色素探测、海洋资源开发、海洋环境监测及海洋科学研究等领域具有不可替代的作用。

地球资源卫星是从宇宙对地球自然资源进行探测的人造卫星,主要的卫星系列有Landsat系列、高分系列、SPOT系列、CBERS系列。还有新一代高分辨率卫星系列,包括IKONOS、Quickbird、WorldView、GeoEye等。

(1)Landsat系列卫星。Landsat系列卫星是美国航空航天局(NASA)的陆地卫星计划,在1975年前称作地球资源技术卫星ERTS。该系列卫星从1972年开始发射第1颗Landsat-1,已发射8颗。目前,Landsat-1到Landsat-5相继失效,Landsat-6发射失败,在役服务的是Landsat-7和Landsat-8。2003年5月31日,Landsat-7的ETM+机载扫描校正器突然发生故障,造成图像重叠,并丢失约25%的数据。因此,2003年5月31日以后Landsat-7的所有数据都是异常的,需要使用SLC off模型进行修正(表3-3)。

表3-3 Landsat系列卫星一览

卫星	Landsat-1	Landsat-2	Landsat-3	Landsat-4	Landsat-5	Landsat-6	Landsat-7	Landsat-8
发射时间	1972年7月	1975年1月	1978年3月	1982年7月	1984年3月	1993年1月	1999年4月	2013年2月
覆盖周期	18天	18天	18天	16天	16天	—	16天	16天
波段数	4	4	4	7	7	—	8	11
传感器	MSS	MSS	MSS	MSS、TM	MSS、TM	—	ETM+	OLI、TIRS
运行情况	1978年退役	1976年故障,1980年修复,1982年退役	1983年退役	1983年TM失效,退役	2003年退役	发射失败	2003年5月出现故障(有条带)	正常运行至今

Landsat-8是最新的Landsat系列卫星,搭载用来观测地面的陆地成像仪(Operational Land Imager,OLI)和热红外传感器(Thermal Infrared Sensor,TIRS)两个传感器。OLI是核心传感器,特点为多光谱、中等分辨率,包括9个波段,空间分辨率为30米,其中包括一个15米的全色波段,成像宽幅为

185 千米×185 千米。OLI 包括了 Landsat-7 搭载的 ETM＋传感器的全部波段，为了避免大气吸收的影响，OLI 对波段 5 进行了调整，调整后的波段范围是 0.845～0.885 微米；OLI 全色波段（Band 8）的波段范围较窄，这种方式可以在全色图像上更好区分植被和无植被区域；此外，还新增了两个波段：蓝色波段（Band 1，0.433～0.453 微米）主要应用海岸带观测，短波红外波段（Band 9，1.360～1.390 微米）包括水汽强吸收特征，可用于云检测。TIRS 是 Landsat-8 上搭载的观测热红外波段的传感器，有 10.60～11.19 微米和 11.5～12.5 微米两个探测波段，分辨率为 100 米。

在遥感技术中，把电磁波谱在可见光、红外线等波段上继续划分小的段落，称为波段。表 3-4 中，0.630～0.680 微米为红色波段，0.525～0.600 微米为绿色波段。根据波段的数目，图像数据可以分为单波段图像和多波段图像。单波段图像一般用黑白灰度图像描述，多波段图像一般用 RGB 合成像素值的彩色映射来描述，即分别通过红、绿、蓝三个通道加载三个波段的遥感影像，从而实现彩色图像的渲染。

表 3-4　Landsat-8 卫星的波段设置和主要应用

传感器	波段	类型	波长范围（微米）	分辨率（米）	主要作用
陆地成像仪	Band 1	海岸波段	0.433～0.453	30	观测海岸线
	Band 2	蓝绿波段	0.450～0.515	30	水体穿透，分辨土壤植被
	Band 3	绿波段	0.525～0.600	30	分辨植被
	Band 4	红波段	0.630～0.680	30	观测道路、裸露土壤，植被种类
	Band 5	近红外	0.845～0.885	30	估算生物量，分辨潮湿土壤
	Band 6 SWIR 1	短波红外	1.560～1.651	30	分辨道路，裸露土壤，水，还能在不同植物间有好的对比度，还可分析云雾、大气
	Band 7 SWIR 2	短波红外	2.100～2.300	30	用于岩石、矿物的分辨，也可用于辨识植物覆盖和湿润土壤
	Band 8	微米全色	0.500～0.680	15	黑白图像，用于增强图像的分辨率
	Band 9	短波红外波段	1.360～1.390	30	包含水汽强吸收，可用于云检测
热红外传感器	Band 10	热红外 1	10.6～11.2	100	感应热辐射目标
	Band 11	热红外 2	11.5～12.5	100	感应热辐射目标

生活中数字相机拍摄得到的图像是真彩色的，即红、绿、蓝三个波段分别用红、绿、蓝三个通道显示，效果和人眼看到的一样。而 Landsat-8 的传感器有更多的波段，我们就可以利用这些波段得到更多的信息。如果把 4、3、2 波

段分别对应红、绿、蓝三个通道，即会得到真彩色合成影像，图像的色彩与原地区或景物的实际色彩一致，适合于非遥感应用专业人员使用。如果把 5、4、3 波段分别对应红、绿、蓝三个通道，即会得到标准假彩色合成影像，在这样的影像中，植被呈现红色，由于明显突出了植被，应用十分广泛（图 3-2）。此外，7、4、6 波段使用了短波红外波段，合成影像比较明亮，可用于城市监测；5、6、4 波段可用于区分陆地和水体；6、5、2 波段则对监测农作物很有效。

图 3-2　真彩色影像（左）和标准假彩色影像（右）

（2）高分卫星。高分卫星系列指中国的高分辨率对地观测系统，是国务院发布的《国家中长期科学技术发展规划纲要（2006—2020 年）》确定的 16 个重大项目之一，是我国独立自主研发的遥感卫星。高分辨率地球观测系统将统筹建设以卫星、平流层飞艇和飞机为基础的高分辨率地球观测系统，完善地面资源，并与其他观测手段相结合，形成全天候、全球覆盖的对地观测能力。该项目于 2010 年批准启动实施，2013 年 4 月 26 日发射首颗高分一号卫星（GF-1），分辨率达到 2 米，突破了多项高分辨率数据处理和应用技术。高分二号卫星（GF-2）于 2014 年 8 月 19 日发射升空，这是我国研制的第一颗空间分辨率优于 1 米的民用光学遥感卫星。高分三号卫星（GF-3）于 2016 年 8 月 10 日发射升空，是我国首颗 C 波段多极化合成孔径雷达（SAR）成像卫星，分辨率为 1 米，具有 12 种成像模式，也是世界上成像方式最多的合成孔径雷达（SAR）卫星，可以全天监控全球海洋和陆地资源。高分系列主要卫星情况如表 3-5 所示。

表 3-5　高分系列卫星

发射时间	卫星名	传感器
2013 年 4 月 26 日	GF-1	2 米全色/8 米多光谱/16 米宽幅多光谱

（续）

发射时间	卫星名	传感器
2014 年 8 月 19 日	GF-2	1 米全色/4 米多光谱
2016 年 8 月 10 日	GF-3	1 米 C-SAR 合成孔径雷达
2015 年 12 月 29 日	GF-4	50 米地球同步轨道凝视相机
2018 年 5 月 9 日	GF-5	大气痕量气体差分吸收光谱仪、主要温室气体探测仪、大气多角度偏振探测仪、大气环境红外甚高分辨率探测仪、可见短波红外高光谱相机、全谱段光谱成像仪
2018 年 6 月 2 日	GF-6	2 米全色/8 米多光谱/16 米宽幅多光谱
2019 年 11 月 3 日	GF-7	高空间立体测绘仪

高分专项最主要的特点是高分辨率，不仅在空间分辨率上达到了亚米级，还取得了高光谱分辨率、高时间分辨率、高辐射分辨率。光谱特性主要反映物体的特征，如植被在可见光波段与近红外波段之间，反射率急剧上升，而高光谱分辨率可以清晰地分辨植物的这一现象。高时间分辨率表示对被观测对象重复观测的最短时间间隔。高分系列卫星回访周期短，能够快速观测目标，提高响应时间。辐射分辨率反映影像的量化程度，量化程度越高，地物特征反映得越充分。在热红外遥感方面，辐射分辨率还可以体现最小可分辨温差。高分卫星在四个分辨率上同时发力，性能优越，对信息的交换和推进应用的发展有着非常大的促进作用，可以预见中国遥感未来将获得更大的发展空间，取得更显著的应用成果。

4. RS 软件产品　目前，遥感影像数字图像处理使用的软件主要有 ERDAS、ENVI 和 PCI GEOMATICA。这几款软件提供的功能和操作步骤都略有不同，但都可以对遥感影像进行图像恢复、数据压缩、影像增强、变化监测、图像分类等操作。ERDAS 拥有丰富的扩展模块，系统的扩展功能采用开放式体系结构，以 IMAGINE Essentials、IMAGINE Advantage、IMAGINE Professional 等形式为用户提供低、中、高产品架构，使产品的组合更加灵活。ENVI 是一套功能齐全的遥感图像处理系统，2000 年在美国权威机构 NIMA 遥感软件评测中获得第一名。PCI GEOMATICA 是 PCI 公司将其四大主要产品系列整合的新产品，使用户可以在同一界面下轻松完成工作。我国的遥感软件有航天宏图公司的 PIE、泰坦公司的 Titan Image 以及中国测绘科学研究院和四维公司联合研发的 CASM Image Info 等，这些国产软件对国产卫星数据处理精度和效率高，操作流程和界面容易被国内用户接受，在海洋生态监测、自然资源监管、生态环境保护、应急管理服务等领域逐步实现业务化，正在向定量化、融合化、智能化、实时化、大众化方向发展，为政府、企业和大众提供优质的遥感数据处理服务。

三、全球定位系统

1. GPS GPS 的中文名称是全球定位系统，英文全称是 Global Positioning System，简称 GPS。根据 Woody 1985 年的定义，全球定位系统是一种基于空间的全天候导航系统。它由美国国防部研发，用来满足军方在地面或近地空间的共同参考系中获取位置、速度和时间信息的要求。

GPS 的前身是美军研制子午仪卫星定位系统。该系统 1958 年研制，1964 年投入使用，采用 5～6 颗卫星组成的卫星网络，每天最多绕行地球 13 次，无法提供高程信息，定位精度不高。为进一步提高定位精度，美国海军提出 Tinmation 全球定位网计划，计划组建 12～18 颗卫星群，美国空军则提出 621-B 计划，即每星群包含 4～5 颗卫星，共组成 3～4 个星群。1973 年，在美国国防部领导成立卫星导航和定位联合规划署（JPO），JPO 成员众多，包括美国陆军、海军、海军陆战队、交通部、国防制图局、北约和澳大利亚的代表，该机构将两个计划合二为一。经过几次方案修改，到 1994 年，耗资 300 亿美元，完成了全球覆盖率 98％的 24 个 GPS 卫星星座的部署。

GPS 导航系统由三部分组成。一是地面控制部分，由主控站、地面天线、监测站和通信辅助系统组成。二是空间部分，由 24 颗卫星组成，分布在 6 个轨道平面上。三是用户设备，由 GPS 接收机和卫星天线组成。民用定位精度可达 10 米左右。

2. GNSS GNSS 的中文名称为全球导航卫星系统，英文全称为 Global Navigation Satellite System。它包括四个全球系统，分别是美国的 GPS、俄罗斯的 GLONASS、欧盟的 GALILEO 和中国的北斗卫星导航系统（BQS），以及两个区域系统，即日本准天顶卫星系统（QZSS）和印度区域卫星导航系统（IRNSS），其中印度区域卫星导航系统也称为印度星座导航（NavIC）。在当今，全球导航卫星系统不仅是国家安全和经济的基础设施，而且是现代大国地位和国家综合国力的重要标志。由于其在政治、经济和军事等领域的重要意义，世界主要军事大国和经济体正竞相开发独立的卫星导航系统。

GLONASS（格洛纳斯）是俄语全球卫星导航系统的缩写。这一系统最早在苏联时期发展起来，后来被俄罗斯继续沿用。俄罗斯从 1993 年开始建立自己的全球卫星导航系统。该系统于 2007 年开始运行，当时只开放俄罗斯境内的卫星定位和导航服务。到 2009 年，其服务范围已扩大到世界各地。该系统的主要服务内容为提供陆海空目标的坐标和速度信息。

GALILEO（伽利略）是欧洲全球导航卫星系统（European global navigation satellite systems）。星座中有 24 颗卫星，分别位于 3 个中地轨道平面上。第一颗和第二颗伽利略试验卫星 GIOV-A 和 GIOV-B 于 2005 年和 2008 年发射，以验证关键技术。随后发射了 4 颗工作卫星，以验证伽利略空间和地面部分的相关技术。在轨验证阶段完成后，将进一步扩大其他卫星的部署范围，计划 2018 年至 2020 年达到 24 颗卫星的全部运行能力。公共服务的定位精度一般为 15～20 米（单频）和 5～10 米（双频）。公共特许服务在有局域增强时可达 1 米，商业服务在有局域增强时可达 10 厘米至 1 米。

3. 北斗卫星导航系统　中国北斗卫星导航系统（Bei Dou Navigation Satellite System，简称 BDS）是中国自主研制的全球卫星导航系统，它和 GPS、GLONASS、伽利略都是联合国卫星导航委员会认定的供应商。北斗卫星导航系统由空间段、地面段和用户段三部分组成。它能为全球各类用户提供可靠定位、导航和授时服务，并且具有独特的短报文通信能力。

20 世纪末，中国开始探索适合中国国情的卫星导航系统的发展道路，并逐步形成了三步走的发展战略。第一步为到 2000 年底，北斗一号系统建成，为中国提供服务；第二步为到 2012 年底，北斗二号系统建成，为亚太地区提供服务；第三步到 2020 年，完成北斗三号系统的交付，向全球提供服务。2020 年 6 月 23 日，随着第 55 枚北斗导航卫星的成功发射，我国北斗全球卫星导航系统星座的部署已全部完成。这标志着在美国和俄罗斯之后，中国的北斗三代全球卫星导航系统星座建设获得了圆满成功。在 2035 年之前，北斗卫星导航系统还将建立一个更普遍、更集成、更智能的集成时空系统，为数字地球、5G 网络应用等提供更完善的服务。

北斗三号全球业务性能指标为：空间信号测距误差优于 0.5 米，单频测量定位精度为 7 米，双频测量精度为 3 米，测速精度为 0.2 米/秒，授时精度为 20 纳秒，可用性为 99%。而北斗导航定位系统在亚太地区的服务性能比全球性能还要更加优越。

北斗系统自提供服务以来，已广泛应用于交通、农林渔业、水文监测、气象监测、通信授时、电力调度、救灾减灾、公安等领域，为国家重要基础设施服务，产生了显著的经济效益和社会效益。林业是北斗系统应用较早的产业之一，其在森林面积计算、木材数量估算、森林巡查、森林防火、区域界线确定等方面的应用，大大降低了管理成本，提高了工作效率。此外，北斗独特的报文功能类似于发送短信，并且可以定位。当普通的移动通信信号无法覆盖时（例如自然保护区中的通信信号较弱，或者地震灾难后通信基站遭到破坏），用户可以通过北斗卫星终端发送短报文进行紧急通信。如果日常巡逻、森林防火等工作中发生危险情况，工作人员可以通过北斗卫星终端一键呼救功能求救，终端会通过卫星自动向救援队发送带有定位信息的求救信息，从而实现"GPS＋

海上电话"的双重功能,更加方便、容易操作,为人员的生命安全提供了有力的保证。

四、3S 技术及其在森林资源调查中的应用

1. 3S 技术集成   3S 技术是地理信息系统、遥感技术和全球定位系统的统称,是科学家根据三者特性而提出的观测地球,处理、分析地理数据,以及具有制图功能的系统。中国科学院、中国工程院院士李德仁教授还提出了 5S 的概念,在现有 3S 的基础上增加了专家系统(ES)和数字摄影测量系统(DPS)。毫无疑问,全站仪、电子罗盘、惯性测量系统等都是收集地理空间信息的有效手段。因此,应当在广泛的基础上建立对 3S 的理解。所有定位和测量方法,包括 GPS 和多平台、多波段、高分辨率遥感数据,都可以通过 GIS 与 ES 系统的结合,实现空间数据自动收集、编辑、管理、分析和绘制,进而为与地球科学有关的所有行业提供服务。因此,3S 不是 GPS、GIS 和 RS 的简单组合,而是通过数据接口将其严格、紧密且系统地集成在一起,从而使其成为一个综合系统。但是,理想的 3S 仍处于试验和开发过程中。目前,有很多成功的先例可以将 3 个 "S" 两两集成,即 RS 和 GPS 集成,RS 和 GIS 集成,GIS 和 GPS 集成。比如,在瑞典 1992—2002 年进行的第七次全国森林资源调查中,使用 GIS 技术和 RS 技术向各个地区提供了最新的森林资源信息,并将其用作区域森林管理的基本数据。总之,3S 在资源和环境调查、监视和评估,重大自然灾害的监测、预警、评估和消除工作,城市规划、开发、管理和评估,以及现代军事行动中,都具有广阔的应用前景。

3S 技术在林业、农业、水利、水保、土地资源、地质、矿业、石油、军事、土木工程、管道、交通、灾害防治等多个领域的应用中发挥着基础的提供信息作用,为科学决策提供依据和保障。但是,也不能夸大 3S 的作用。例如,基于 3S 技术的森林资源调查和监测系统可以快速、准确地研究森林病虫害的类型、范围和程度,并指导害虫的杀灭工作。但是,要实施什么方法来杀灭害虫,仍然需要林业专家指导解决方案。就角色而言,3S 技术是摸清情况的工具,而专家是决策者。不能期望 3S 技术越过专家来解决专业问题。

2. 3S 技术在森林资源调查中的应用   经典的森林资源调查与监测方法大多采用航拍照片和地形图,周期长,地面和室内工作量大。由航空投影造成的面积畸变、摄影周期造成的现状畸变、转换成图造成的面积误差等原因,在没有测绘资料的情况下开展森林资源调查非常困难。3S 技术集成 GPS、GIS、RS。其中,RS 可定期提供详细的自然资源遥感监测图,GPS 可获取地面林地的位置信息,最后,通过 GIS 集成调查地物的遥感监测图和空间位置信息等

数据，把森林资源的调查与监测推向了现代高新科技的新时代。

我国林业 3S 技术的大量研究和应用始于 20 世纪 80 年代，主要应用在森林资源清查、森林防火和虫害监测。新中国成立以来，航空摄影和地形图已用于森林资源二类调查，如外业区划，调绘地图，搜索地物，成图及计算面积等方面。而卫星遥感更新速度快，如 Landsat 卫星系列数据的更新周期为 16 天，是动态监测的理想选择。1986 年，北京卫星地面接收站正式投入运行，直接接收 Landsat 卫星的光谱扫描仪（MSS）和专题绘图（TM）数据，极大地促进了遥感技术在森林资源监测中的应用。福建林业信息中心、云南省林业勘察院、海南省林业厅、中国林业勘查院、北京林业大学、华南农业大学等，还利用高分辨率卫星图像（IKONOS，QuickBird 等）研究了基于林场的高精度森林资源监测。在黑龙江省汤旺林业调查中，完全使用 Landsat 卫星 TM 假彩色合成图像替代了航拍照片，并以原始图像和地图资源为补充，对森林进行了解释和分类，并进行了实地调查验证，可以准确、快速地划分森林小班，完成抽样调查和制图，为 3S 技术在林业上的应用做了有益的尝试。

在森林防火方面，1991 年，以国家林业局资源司寇文正为核心，开发了一个基于 GIS 软件的国家森林火灾管理信息系统，成功地解决了森林相图与地形图的配准和标准化问题，并相继在黑龙江、云南、吉林和北京进行推广。随后，中国林业科学院资源信息研究所基于 WinGIS 平台，开发了一套森林火灾管理系统，具有比较完善的咨询和决策功能，可以生成一系列有关森林火灾的专题图。国家林业局防火办公室使用 ERDAS Virtual GIS 和野外实时摄像机监控系统，开发并构建了一个重点区域实时消防监控与指挥系统，取得了良好的实际效果。

在虫害监测方面，我国在利用 Landsat TM 影像监测马尾松毛虫灾害中取得了可喜的成果，同时，利用气象卫星监测大面积森林病虫害的工作也取得了进展。刘志明等人利用气象卫星 AVHRR 数据，调查大兴安岭在 1989 年和 1990 年夏季大规模发生的落叶松毛虫，探索了大规模森林有害生物监测的原理和方法。林业科学院使用 ERDAS IMAGINE/ArcGIS 来开发林业局的森林病虫害监测和预防信息系统。3S 集成技术的应用使森林病虫害的监测和控制实现了现代化。GPS、GIS 和 RS 的结合可以有效地从宏观上监测森林有害生物，而 3S、专家系统和人工智能的结合使得森林有害生物治理决策模型是未来发展的方向。

以 3S 集成技术为代表的现代高新技术，推动了森林资源监测、国土资源监测、精准农业等领域向现代化、数字化、实时化方向发展。遥感是 GIS 数据更新的重要手段。GIS 是遥感信息提取和分析的重要手段。GPS 可以提供精确的空间定位。3S 技术作为一项集定位测量、图像生成、信息存储和空间分析于一体的综合性技术，其深入应用需要土地科学、测绘科学等学科的协调与合作。而该技术的进一步整合，可以更好地实现区域调查和动态监测，有效获取各种区域信息。从原始数据采集到有用信息提取，再到信息管理、分析处理和信息查询与检索，直到结果多维、直观地显示和表达等一系列技术难点，3S 技术为自然资源管理提供了新思路，它的优越性是其他技术手段不能相比的。该技术与其他高新技术，如网络技术、云计算、专家系统等结合，可实现自然资源的网络化、高效化、智能化管理，形成多功能、全方位的综合信息系统，为建设"数字地球"提供支持和保障。

◆ 参考文献

KANG-TSUNG C，2019. 地理信息系统导论［M］. 北京：科学出版社.

冯仲科，余新晓，2000. 3S 技术及其应用［M］. 北京：中国林业出版社.

靳颖，贠敏，2013. 厚积薄发，共迎国产高分辨率卫星遥感数据应用的新时代——专访遥感技术与应用专家、中国科学院院士童庆禧［J］. 卫星应用（3）：4-7.

李德仁，2003. 数字地球与 3S 技术［J］. 中国测绘（2）：30-33.

汪文杰，贾东宁，许佳立，等，2020. 全球海洋遥感卫星发展综述［J］. 测绘通报（5）：1-6.

肖化顺，2004. 森林资源监测中林业 3S 技术的应用现状与展望［J］. 林业资源管理（2）：53-58.

张安定，吴梦泉，王大鹏，等，2014. 遥感技术基础与应用［M］. 北京：科学出版社.

◆ 思考题

（1）什么是 3S 技术？可以应用于哪些方面？在森林资源调查中可以起到什么作用？

（2）什么是地理信息系统？有哪些基本功能？

（3）什么是遥感？Landsat 影像是从哪一年开始拍摄的？Landsat-8 的传感器有哪些？试分析其波段设置及应用特征。

（4）高分卫星系列的传感器有哪些？试分析各自的应用领域。

（5）什么是 GNSS？与 GPS 有什么不同？

第四章　森林抽样调查基本知识

在森林调查中，由于森林面积辽阔，地形复杂，研究对象数量多、变化大且具有再生性，不可能也没有必要进行全面调查，而森林大都属于自然变异，林木在其生长过程中受到外界环境因素的综合影响，致使各测树因子的大小都具有随机的偶然性和统计的规律性。例如，在未经破坏的森林分子内，总是中等大小的树木多，而极大、极小的树木少。这种近似正态分布的规律性是数理统计合适的抽样对象。同时，根据抽样理论，可以用最少的工作量达到成本低、效率高、精度高和预期要求的目的。因此，统计方法可以帮助我们透过偶然去认识必然，从数量上掌握事物变化规律，透过局部去认识全体。森林抽样调查正是以数理统计理论为基础的森林调查方法。本章主要介绍与森林抽样调查有关的一些数理统计基本知识。

第一节　几个基本概念

为了研究森林抽样调查，我们首先应弄清几个基本概念：

一、总体、总体单元

在指定条件下进行观测和研究对象的全体称为总体，构成总体的每一个基本单位称为总体单元。总体中含有单元的总个数称为总体单元数，用 N 表示。描写总体单元某种性质的特征称为标志，其具体观测值称为标志值，用 X_i 表示。

例如，某林区总面积为 600 公顷，欲调查蓄积量，则该林区所有立木的总材积就构成一个总体。假定以 0.06 公顷作为基本面积单位，该总体可划分为 $N=600/0.06=10\,000$ 个总体单元。蓄积则是描写各单元立木材积的标志。如果测得 $X_i=8$ 米^3，则 8 米^3 即为第 i 个单元的标志值。

在森林调查中，根据调查目的，总体范围可大可小，大至全国、省、大林区，小至林班、小班等。如欲调查某一林场的森林蓄积量，调查的指标是求算蓄积量，调查范围是整个林场，那么该林场全体立木的总蓄积就是一个总体。至于单元，在实践中为方便起见，常常将该林场划分为若干面积相等的方形样地，而每块样地的蓄积即构成一个单元。

二、样本、样本单元

森林抽样调查，就是从总体内抽出部分单元进行实际调查，以其调查成果对总体作出估计或推断。被抽取测定的这部分单元的全体称为样本，组成样本的每个单元即称为样本单元。样本含有单元的个数称为样本单元数，用 n 表示。根据样本单元数的大小分为大样本（$n>50$）和小样本（$n<50$）。

三、抽样比（抽出率）

样本单元数与总体单元数之比称为抽样比，用公式表示为 $f=n/N$，式中，f 为抽样比，n 为样本数，N 为总体所含的单位数。当 $f>0.05$ 时，抽样总体称为有限总体；当 $f<0.05$ 时，该抽样总体视为无限总体。例如，从上例总体中，抽出 100 块样地组成样本，$n=100$，$f=n/N=100/10\ 000=0.01$。

四、抽样框

抽样框是指用以代表总体，并从中抽选样本的一个框架，其具体表现形式主要有包括总体全部单位的名册、地图等。抽样框在抽样调查中处于基础地位，是抽样调查必不可少的部分，其对于推断总体具有相当大的影响。对于抽样调查来说，样本的代表性如何，抽样调查最终推算的估计值真实性如何，首先取决于抽样框的质量。

五、置信度

置信度也称为可靠度，或置信水平、置信系数，即在抽样对总体参数作出估计时，由于样本的随机性，其结论总是不确定的。因此，采用一种概率的陈述方法，也就是数理统计中的区间估计法，即估计值与总体参数在一定允许的误差范围以内，其相应的概率有多大，这个相应的概率称作置信度。

六、抽样误差

在抽样调查中，通常以样本作出估计值对总体的某个特征进行估计，当二者不一致时，就会产生误差。因为由样本作出的估计值会随着抽选的样本不同而变化，即使观察完全正确，它和总体指标之间也往往存在差异，这种差异纯粹是抽样引起的，故称为抽样误差。

七、偏差

偏差也称为偏误，通常是指在抽样调查中除抽样误差以外，由于各种原因而引起的一些偏差。

第二节 特征数的计算

描写总体或样本数量特征和规律性的数字称为特征数。最常用的特征数有以下几种：

一、算术平均数

某总体由 N 个单元组成，如果对每个单元都进行测定，则可得 N 个数据，此 N 个数据之和除以 N，所得之商即为总体平均数。可用公式表示如下

$$u = \frac{X_1 + X_2 + \cdots + X_n}{N} = \frac{\sum\limits_{i=1}^{N} X_i}{N} = \frac{1}{N} \sum_{i=1}^{N} X_i$$

式中：u——总体平均数；

　　　X_i——总体各单元的标志值；

　　　N——总体单元数；

　　　$\sum$——总和符号，表示"逐项累加"的意思，简称"和号"。

通常，由于已知总体单元数为 N，所以分子必定为 N 个标志值的总和；为书写简便起见，上式亦可写作

$$u = \frac{\sum X_i}{N}$$

假如以一个林场的面积为一个总体范围，并将其划分成 N 个单元，调查指标是求算蓄积量，则每个单元上都有其各自的蓄积量（X_i），按上式计算的结果（u）即为该总体的平均蓄积量。因此，总体平均数（u）是一个客观存在的数值。但是由于对总体不进行全面实测，则总体平均数（u）实际上是一个未知数。在森林抽样调查中，一般是通过样本资料去估计总体平均数的。

如果从该总体中抽出 n 个单元组成样本，并对每个样本单元进行测定，则可用同样的计算方法求出样本平均数

$$\overline{X} = \frac{x_1 + x_2 + \cdots + x_n}{n} = \frac{\sum\limits_{i=1}^{n} x_i}{n}$$

式中：x——样本平均数；

$\qquad$ x_i——样本各单元的标志值；

$\qquad$ n——样本单元数。

此式亦可简写成

$$\bar{x} = \frac{\sum x_i}{n}$$

例：在某总体随机抽取 10 块样地，组成样本，并测得各样地蓄积如下（单位：米^3）

$$x_1 = 3.8 \qquad x_2 = 4.5 \qquad x_3 = 3.3 \qquad x_4 = 2.7$$

$$x_5 = 4.1 \qquad x_6 = 5.0 \qquad x_7 = 4.9 \qquad x_8 = 3.7$$

$$x_9 = 3.6 \qquad x_{10} = 4.4$$

则样地的平均蓄积为

$$\bar{x} = \frac{\sum x_i}{n}$$

$$= \frac{1}{10}(3.8 + 4.5 + 3.3 + 2.7 + 4.1 + 5.0 + 4.9 + 3.7 + 3.6 + 4.4)$$

$$= 4.0$$

因此这 10 块样地的平均蓄积为 4.0 米^3。根据样地和总体的面积，可以进一步估测总体的单位面积蓄积和总蓄积。算术平均数由全部数据求得，与每一个数据都发生关系，计算精度高，求算方法简单，当数据较少时，最宜应用。总和符号"$\sum$"是数学上常用的符号，以后将反复使用，它对简化算式有很大意义。

"$\sum$"具有以下性质：

①二变量和之总和，等于该二变量总和之和，即

$$\sum_{}^{n}(x_i + y_i) = \sum_{}^{n} x_i + \sum_{}^{n} y_i$$

②常数与变量乘积之总和，等于这个常数与该变量总和之积，即

$$\sum_{}^{n} a x_i = a \sum_{}^{n} x_i$$

③一个常数 n 次相加之和等于该常数的 n 倍，即

$$\sum_{}^{n} a = na$$

对于平均数，应记住以下两个重要特征：

①在一个样本中，各标志值与其平均数差异的总和为零（离差总和为零），即

$$\sum_{i}^{n}(x_i - \overline{x}) = 0$$

例：求上例 10 块样地蓄积的离差总和。

解 $\sum_{i}^{n}(x_i - \overline{x}) = (3.8-4.0)+(4.5-4.0)+(3.3-4.0)+(2.7-4.0)+$ $(4.1-4.0)+(5.0-4.0)+(4.9-4.0)+(3.7-4.0)+(3.6-4.0)+(4.4-4.0)=(-0.2)+0.5+(-0.7)+(-1.3)+0.1+1.0+0.9+(-0.3)+(-0.4)+0.4=0$

②在一个样本中，各标志值与其平均数之差的平方和，较各标志值与其他任意一个实数之差的平方和小（离差平方和最小），即

$$\sum^{n}(x_i - \overline{x})^2 < \sum^{n}(x_i - a)^2 \quad （式中 a \neq x）$$

二、加权平均数

根据算术平均数的计算公式，我们可以求出样本各单元的平均值；但是当样本单元数较大时，用公式 $\overline{x} = \dfrac{1}{n}\sum_{i=1}^{n}x_i$ 计算就不太方便了。因此，在实际工作中，当样本单元数大于 50（即大样本）时，可将样本中各单元的标志值分组整理，然后再进行样本平均数的计算。加权算术平均数受到两个因素的影响，一个是各组数值的大小，另一个是各组分布频数的多少。在数值不变的情况下，那一组的频数多，该组的数值对平均数的作用就大，反之，就小。频数在加权算术平均数中起着权衡轻重的作用，这也是加权算术平均数"加权"一词的来历。算术平均数也易受极端值的影响。例如 5、7、5、4、6、7、8、5、4、7、8、6、20，全部资料的平均值是 7.1，实际上大部分数据（有 10 个）不超过 7，如果去掉 20，则剩下的 12 个数的平均数为 6。由此可见，极端值的出现，会使平均数的真实性受到干扰。

三、标准差

标准差也称均方差，是各数据偏离平均数的距离的平均数，它是离均差平方和平均后的方根，用 σ 表示。标准差是方差的算术平方根。标准差能反映一个数据集的离散程度。平均数相同的，标准差未必相同。标准差是反映一组数据离散程度最常用的一种量化形式，是表示精确度的重要指标。

四、离均差的平方和

由于误差的不可控性，因此只由两个数据来评判一组数据是不科学的。所

以人们在要求更高的领域不使用极差来评判。其实，离散度就是数据偏离平均值的程度。因此将数据与均值之差（我们叫它离均差）加起来就能反映出一个准确的离散程度。和越大，离散度也就越大。

但是由于偶然误差是成正态分布的，离均差有正有负，对于大样本，离均差的代数和为零。为了避免正负问题，在数学上有两种方法：一种是取绝对值，也就是常说的离均差绝对值之和。而为了避免符号问题，数学上最常用的是另一种方法——平方，这样就都成了非负数。因此，离均差的平方和成了评价离散度的一个指标。

五、方差

由于离均差的平方和与样本个数有关，只能反映相同样本的离散度，而实际工作中比较难做到相同的样本，因此为了消除样本个数的影响，增加可比性，将标准差求平均值，这就是我们所说的方差成了评价离散度的较好指标。

样本量越大越能反映真实的情况，而算数均值却完全忽略了这个问题，对此统计学上早有考虑，在统计学中样本的均差多是除以自由度（$n-1$），它的意思是样本能自由选择的程度。当选到只剩一个时，它不可能再有自由了，所以自由度是 $n-1$。

六、变异系数（CV）

标准差是一个与变量具有相同单位的绝对值，因此标准差只能反映一批数据的绝对变动程度。如果两个变量的数量水平不同，也就是说，它们的平均数不同，就不能用标准差来比较它们变动程度的大小，则可采用变异系数（CV）来比较。

七、全距（极差）

采用最大值－最小值（也就是极差）可评价一组数据的离散度。在变量可以取得的一群数据中，其最大值与最小值之差称为全距（或极差），以 R 表示，即 $R=$ 最大值－最小值。

全距实际上代表这群数据变动的幅度，也可以作为数据变动程度大小的一种说明。全距计算简单，使用方便，但较粗放。实践中有时利用全距去估计标准差。

第三节　随机变量及其概率分布

一、概率的概念

1. 必然事件、不可能事件、随机事件　人们在实践中，会发现各种事件（现象）发生的可能性是不同的。有些事件在一定条件下必然发生；有些事件在一定条件下不可能发生；还有些事件在一定条件下，可能发生，也可能不发生。

在进行一项试验之前，如果可以断定某一现象必定会在试验结果中出现，就把这一现象称作必然事件。例如，在一片云杉、落叶松混交林中，随机地（碰机会，而不是有意识地去挑选）抽取一株树木，则"所抽树木为针叶树"就是一个必然事件。如果这片森林的树高都不超过 18 米，则在该林中随机地抽取一株树木时，"所抽树木的树高小于 20 米"也是一个必然事件。

如果在进行一项试验之前，我们可以断定，某一现象绝不会在试验结果中出现，则称这种现象为不可能事件。

除了必然事件与不可能事件之外，还存在另外一类现象。这类现象在一次试验的结果中可能出现，也可能不出现，将这类现象称作随机事件（或概率事件、偶然事件）。

2. 概率的定义　在森林调查中有许多随机现象，如林木直径、树高、材积等的测定，林分蓄积量的测定等均属随机事件，即在观测中可以取得多种可能的结果。每一种结果在一次试验中发生或不发生具有偶然性，但在多次重复的观测中，则表现出一定的规律性。

我们给概率以如下定义：

当重复地进行同一个试验时，如果事件 A 在 n 次试验中出现了 m 次，则称事件 A 出现的频率为 $w = \dfrac{m}{n}$，当试验的次数 n 逐渐加大，而事件 A 出现的频率愈来愈稳定于一个常数 P 的附近作微小摆动时，我们便说 P 就是事件 A 的概率，记作

$$P\ (A) \approx w = \frac{m}{n}$$

二、随机变量

1. 随机变量的概念　当我们观测林木的胸径时，发现即使在同一个森林分子中，其观测结果也不可能完全相等，而是在观测之前无法确定的一些不同

数值。这种由于受偶然因素的影响而变动，并且在实测之前无法确定其值的量叫作随机变量。

随机变量在森林调查中是经常遇到的，除林木的胸径外，像树高、材积、林分蓄积量、有林地面积、林木病害率等也都是随机变量。习惯上用 ξ、η 等希腊字母表示不同的随机变量，用 x、y 等字母表示每一个随机变量可能取得各种结果的数值。

2. 随机变量的种类　各种随机变量所能取得数值的形式是不同的。有些随机变量，如"种子发芽的粒数""苗木成活的株数"等，它们分别可能是 0，1，2，…，n。这些数值可以一一列举。当一个随机变量所能取得的数值可以全部列举出来时，则称这个随机变量为离散型随机变量。

而另一些随机变量，如林木的树高、胸径、材积及林分蓄积量等所能取得的数值，是在某一个区间内的任意实数值，无法一一列举出来，则称可以取得一个区间内任意实数值的随机变量为连续型随机变量。如调查某森林分子的胸径，最大可达 30 厘米，最小为 6 厘米，则该森林分子的胸径可以取得 6～30 厘米范围内的各种数值，但是无法一一列举出来。

三、随机变量的概率分布

随机变量是由于受偶然因素的影响，所取得的数值是具有偶然性的，但是通过对某个随机变量取得数值的大量观测，则可以了解该随机变量的取值规律。我们把一个随机变量在各范围内取值的可能性的规律，称作它的分布。

1. 频数、频率、频率分布　如在某林分中，随机测得 177 株树的胸径，经过径阶整化列出株数按径阶的分布（表 4-1）。

表 4-1　株数按径阶的分布

径阶（组中值）x	株数（频数）f	频率 f（%）
8	4	2.2
10	15	8.5
12	23	13.0
14	33	18.6
16	40	22.6
18	29	16.4
20	18	10.2
22	10	5.7
24	4	2.2
26	1	0.6
总和	177	100

表中径阶就是变量 x 所取得的数值，也就是组中值，而径阶的大小乃是胸径分组的组距。落在各径阶的株数，则称为频数 f。各个频数之和为总频数（此例为总株数 177）。

随机变量的频数分布亦可绘成直观的几何图形——直方图。在横坐标上标出组的分点，组中值（本例为径阶值）标在相邻分点中间下面，纵坐标则取对应的频数（本例为株数），以组距为底边画出高度为频数的矩形来，这就是频数分布直方图（图 4-1）。

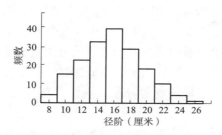

图 4-1 频数直方图

习惯上为了讨论和比较方便，将各组频数除以此总频数所得的比率称为频率（或称相对频数），常用百分比表示。如果把频率分布表中的数据也绘成直方图，即为频率直方图（图 4-2）。此图与频数直方图完全相似，但该图各矩形面积（除以组距）之和为 1，因为各组频率相加之总和必定为 1。

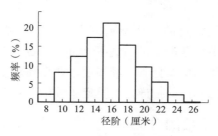

图 4-2 频率直方图

可以看出，频率分布的顶端形成了一条阶梯形折线。如果不断增加测径的株数，同时不断地缩小组距，那么随着组数的增加和组距的减小，频率分布图（直方图）上小矩形的数目不断增加，而这些小矩形顶边所形成的折线的曲折次数也不断增加，每两个折点间的距离（即组距）则逐渐减小。照此下去，小矩形顶边形成的折线将趋近于一条光滑的曲线，这条曲线称为频率分布曲线（图 4-3）。频率分布曲线与横坐标所夹的面积亦等 1。

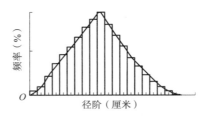

图 4-3　频率分布曲线

2. 随机变量的概率分布　调查某林分树木的胸径可以取得各种不同的数值，因此胸径是一个随机变量。当调查的株树较少时，很难反映该林分树木胸径的数量特征。如果我们增加调查的株数，就可以得到随机变量（胸径）取得各个数值（径阶）的频率。当观测次数充分多时，随机变量的频率即可近似地等于其概率。此时随机变量的频率分布（统计分布），亦可近似地代替其概率分布（理论分布）。

不同的随机变量所取可能值的范围一般不会一样，概率在各可能值上的分配情况也不会相同。也就是说，不同的随机变量有着不同的概率分布。因此在实践中会遇到各式各样的概率分布。对于每一个分布，由大量试验结果，用频率代替概率的办法去得到它将是不现实的。事实告诉我们，尽管随机变量各式各样，但在某些条件下，许多随机变量可以归结为共同的概率分布类型。从而对这些概率分布的共性的研究，将使人们在实际上相当于掌握一大批随机变量的概率分布。

在森林调查中，最常见的连续型随机变量的概率分布是正态分布，如胸径、树高；常见的离散型随机变量的概率分布是二项分布，如森林资源的面积成数等。如果一个总体的概率分布已经知道，那么随机变量取得各种数值的可能性亦即知道，这就为总体的抽样估计奠定了理论基础。

四、随机变量函数的分布

1. 分布函数　设 X 为随机变量，x 是任意实数，则函数 $F(x) = P(X \leqslant x)$ 称为随机变量 X 的分布函数，本质上是一个累积函数。$P(a < X \leqslant b) = F(b) - F(a)$，可以得到 X 落入区间 $(a, b]$ 的概率。分布函数 $F(x)$ 表示随机变量落入区间 $(-\infty, x)$ 的概率。

分布函数具有如下性质：

（1）$0 \leqslant F(x) \leqslant 1$，$-\infty < x < +\infty$；

（2）$F(x)$ 是单调不减的函数，即 $x_1 < x_2$ 时，有 $F(x_1) \leqslant F(x_2)$；

（3）$F(-\infty)=\lim\limits_{x\to-\infty}F(x)=0, F(+\infty)=\lim\limits_{x\to+\infty}F(x)=1$；

（4）$F(x+0)=F(x)$，即 $F(x)$ 是右连续的；

（5）$P(X=x)=F(x)-F(x-0)$。

2. 离散型随机变量的分布　设离散型随机变量 X 的可能取值为 $X_k(k=1,2,\cdots)$ 且取各个值的概率，即事件 $(X=X_k)$ 的概率为 $P(X=x_k)=p_k, k=1,2,\cdots$，则称上式为离散型随机变量 X 的概率分布列或分布律。有时也用分布列的形式给出

$$P(X=x_k)=p_1, p_2, \cdots, p_k$$

显然分布规律应满足条件 $p_i \geqslant 0$，$\sum p_i = 1$。其与分布函数的关系为：$F(x) = \sum p_i$。

3. 连续型随机变量的分布　设 $F(x)$ 是随机变量 X 的分布函数，若存在非负函数 $f(x)$，对任意实数 x，有

$$F(x) = \int_{-\infty}^{x} f(x)\mathrm{d}x$$

则称 X 为连续型随机变量。$f(x)$ 称为 X 的概率密度函数或密度函数，简称概率密度。

密度函数具有性质：

（1）$f(x) \geqslant 0$；

（2）$\int_{-\infty}^{+\infty} f(x)\mathrm{d}x = 1$。

其与分布函数的关系为：$F(x) = \int_{-\infty}^{x} f(x)\mathrm{d}x$。在 $F(x)$ 的可导点处有 $F'(x)=f(x)$，与 $F(x)$ 对应的密度函数 $f(x)$ 不唯一。$P(a<X<b) = \int_{a}^{b} f(x)\mathrm{d}x$，$P(X=x) = 0$。连续型随机变量的分布函数一定连续 $(-\infty<x<+\infty)$。

4. 离散与连续型随机变量的关系

$$P(X=x) \approx P(x<X\leqslant x+\mathrm{d}x) \approx f(x)\mathrm{d}x$$

$f(x)\mathrm{d}x$ 在连续型随机变量理论中所起的作用与 $P(X=x_k) = p_k$ 在离散型随机变量理论中所起的作用相类似。

第四节　正态分布

一、正态分布概念及意义

在森林抽样调查和林业生产的其他方面，连续型随机变量是最常遇到的，

如林木的胸径、树高、材积、林分的蓄积量以及苗高、苗木地径、木材的抗压强度等。由于生物界的变异普遍存在，同种林木的这些指标都不会相同而参差不齐。这是林木生长受到大量随机因素影响的结果。研究它们便自然地遇到许多连续型的随机变量，因此上述指标可以取得一定区间内的任意实数值。对连续型随机变量的概率分布情况，常常用一条连续曲线或一个连续函数 $y=f(x)$ 来表达。

前例对 177 株树木胸径的研究已经提到，如果不断增加测径的株数，同时不断地缩小组距，频率直方图终将趋近于一条频率分布曲线。这条分布曲线可以描述胸径分布的真实状态，因此它就是胸径这个连续型随机变量概率分布的一个表达方式。由于连续曲线在直角坐标系内可与函数 $y=f(x)$ 相对应，因此，$y=f(x)$ 可以表达该连续随机变量的概率分布。最常遇到的连续型随机变量的分布曲线，就是中间高、两边低、左右对称的山状曲线——正态分布曲线。这种分布称为正态分布（图 4-4）。

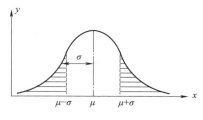

图 4-4　正态分布曲线

二、正态分布曲线特征

（1）单线：曲线只有一个高峰，对应于平均数（μ）的曲线位置是峰顶。

（2）对称：平均数（μ）是对称点，对应于平均数的曲线纵坐标是对称轴，轴左右两边的曲线是对称的。

（3）渐近：随着变量 x 的增大或减小，曲线愈来愈靠近 x 轴，以至曲线的纵坐标 y 均趋近于零。

（4）拐点：曲线在 $x=\mu\pm\sigma$ 处的两个点，即曲线内凸与外凸的分界点称为拐点。拐点以上的曲线（在 $\mu\pm\sigma$ 范围的曲线）外凸，拐点以下的曲线（$\mu\pm\sigma$ 范围以外的曲线）内凸。

与正态分布曲线相对应的函数为：

$$y=f(x)=\frac{1}{\sigma\sqrt{2\Pi}}l^{-\frac{(x-\mu)^2}{2\sigma^2}}$$

式中：x——在这一分布中随机变量所能取得的数值；

　　　μ——总体平均数；

　　　σ——总体标准差；

　　　Π——圆周率（$\Pi=3.141\ 592\ 6$……）；

　　　e——自然对数的底（e$=2.718\ 28$……）。

这一函数式表达了遵从正态分布的随机变量所取得各可能值范围内的概率密集程度，因此上式称为正态分布的概率密度函数。显然当 $x=\mu$ 时，函数 $f(x)$ 具有最大值。这就是说，在平均数附近的概率密度最大。或者说，随机变量取得平均数附近的值具有最大的概率。

μ、σ 是两个相对常数，因为在一个总体中，μ、σ 是固定的。因此当 μ、σ 确定时，就完全确定了一个具体的概率分布，据此即可计算随机变量取得某一区间值的概率了。

由前所述，随机变量的频率分布曲线与横坐标所夹的面积等于 1，因此连续型随机变量的概率分布曲线——正态分布曲线与横轴所夹的面积亦等于 1。如果要计算区间（x_1，x_2）中任一实数值（随机变量）的概率时，则这一概率等于（x_1，x_2）曲线下的面积（图 4-5）。

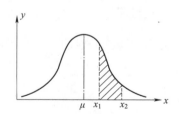

图 4-5　正态分布曲线与横坐标所夹的面积

这一面积可以通过积分的方法计算出来，但这种计算是很困难的。为便于应用，可事先编制好专为计算概率用的数表——概率积分表。但是对于同属于正态分布的不同总体，它们的 μ 和 σ 各不相同。所以在正态分布这一类型中可以有无限多的具体分布。例如，σ 大小不同，则正态分布曲线的胖瘦程度也不同；虽同为正态分布，但曲线的具体形状却有差异（图 4-6）。我们不能为每一个具体的概率分布分别编表。为了便于计算正态分布的概率和编表，应首先消去 μ 和 σ 这两个相对常数而进行变量代换。

为此，令

$$t=\frac{x-\mu}{\sigma}$$

经过整理，正态分布曲线的函数式变为下列形式

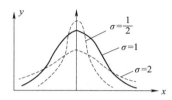

图 4-6 不同 σ 的正态分布曲线

$$y=F(t)=\frac{1}{\sqrt{2\Pi}}l^{-\frac{t^2}{2}}$$

其实，上式是正态分布中当 $\mu=0$，$\sigma=1$ 时的特殊情况

$$y=f(x)=\frac{1}{\sigma\sqrt{2\Pi}}l^{-\frac{(x-\mu)^2}{2\sigma^2}}=\frac{1}{\sqrt{2\Pi}}l^{-\frac{t^2}{2}}$$

将 $\mu=0$，$\sigma=1$ 的正态分布，称为标准正态分布。根据标准正态分布函数式 $y=F(t)=\frac{1}{\sqrt{2\Pi}}l^{-\frac{t^2}{2}}$ 计算数据，编制成"标准正态分布概率积分表"。那么，遵从标准正态分布的随机变量 η 取得（t_1，t_2）区间内任一数值的概率，即可用查表的办法求出。t_0 为正数时，$F(t_0)=P(0\leqslant\eta\leqslant t_0)=\frac{1}{\sqrt{2\Pi}}\int_0^{t_0}l^{-\frac{t^2}{2}}\mathrm{d}t$ 的概率数值也就是标准正态分布概率密度曲线下区间（0，t_0）的面积数值（图 4-7）。

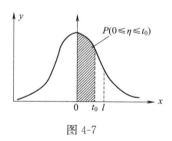

图 4-7

有了"标准正态分布概率积分表"，就可以解决任何遵从正态分布的随机变量的概率计算问题了。

三、正态性检验简介

生成正态概率图并进行假设检验，以检查观测值是否服从正态分布。对于正态性检验，假设 H0（数据服从正态分布）与 H1（数据不服从正态分布）。

图形中的垂直尺度类似于正态概率图中的垂直尺度，水平轴为线性尺度，此线形成数据来自总体的累积分布函数的估计值。图中会显示总体参数的数字估计（均值和标准差）、正态性检验值及关联的 p 值。正态性检验的方法很多，但具体原理是不相同的，有些是拟合优度检验，有些是偏峰度检验。

（1）Anderson-Darling 法。缺省状态即为此检验法，A-D 法最灵敏。A-D 检验是很准确的判断方法，表面上在直线附近，但很可能被拒绝。

（2）Ryan-Joiner 法。它实际上与 W 检验很相似，ISO 将它定为标准检验方法，中国国家标准也采用此法。

（3）Kolmogorov-Smirnov 法。Anderson-Darling 和 Kolmogorov-Smirnov 检定方法是基于经验分布函数，Ryan-Joiner（类似 Shapiro-Wilk）是基于相关与回归，一般而言都选 Anderson-Darling。

三种检验方法的详细解释如下：

Anderson-Darling 检验（A-D 检验），是一种基于经验累积分布函数（ECDF）的算法，特别适用于小样本（当然也适用于大样本），A-D 值越小，表明分布对数据拟合度越好，A-D 检验只适合特定的连续分布，如：normal、lognormal、exponential、Weibull、logistic。

A-D 检验是对 K-S 检验的一种修正，相比 K-S 检验它加重了对尾部数据的考量，K-S 检验具有分布无关性，它的临界值并不依赖被测的特定分布，而 A-D 检验使用特定分布去计算临界值，这使得 A-D 检验具有更灵敏的优势。

选择此项将执行正态性的 Anderson-Darling 检验，此检验是将样本数据的经验累积分布函数与假设数据呈正态分布时期望的分布进行比较。如果实测差异足够大，该检验将否定总体呈正态分布的原假设。

Ryan-Joiner 检验（R-J 检验，类似于 Shapiro-Wilk 检验），是一种基于相关性的算法。R-J 检验可得到一个相关系数，它越接近 1 就越表明数据和正态分布拟合得越好。

A-D 检验和 R-J 检验在正态性检验中具有相似的功效，而 K-S 检验的功效较弱。对于大样本的拟合度测试，通常使用卡方检验（卡方检验是一种基于概率密度函数的算法，不适合于小样本）会更好，因为卡方检测不需要分布参数的知识，并且卡方检验适用于连续和离散分布。

选择此项将执行 Ryan-Joiner 检验，此检验通过计算数据与数据的正态分值之间的相关性来评估正态性。如果相关系数接近 1，则总体就很有可能呈正态分布。Ryan-Joiner 统计量可以评估这种相关性的强度。如果它未达到适当的临界值，将否定总体呈正态分布的原假设。此检验类似于 Shapiro-Wilk 正态性检验。

Kolmogorov-Smirnov 检验（K-S 检验），也是一种基于经验累积分布函数

（ECDF）的算法，K-S 检验最吸引人的特性是具有分布无关性，所以适用于任何连续分布，很适合小样本（当然也适合大样本）。但是由于 K-S 检验相对尾部而言，往往对分布中心更敏感，并且它的临界值并不依赖被测的特定分布，相对 A-D 检验而言它的灵敏度较低，所以很多的分析更愿意使用 A-D 拟合度检验。

选择此项将执行正态性的 Kolmogorov-Smirnov 检验，此检验是将样本数据的经验累积分布函数与假设数据呈正态分布时期望的分布进行比较。如果实测差异足够大，该检验将否定总体呈正态分布的原假设。

三种方法结合使用：如果这些检验的 p 值低于选择的 a 水平，可以否定原假设，并断定总体呈非正态分布。有资料上说 Anderson-Darling、Ryan-Joiner、Kolmogorov-Smirnov 三种检验中只要有一种给出否定的结论，就应该判定该分布非正态分布。

实际上 A-D 检验即使不能通过，但是另外两种能通过的话，也可以当成正态分布，因为可以将它看成近似正态分布，这个与样本的多少有关。A-D 检验更适合小样本数量的检验。因此，有的时候 A-D 检验不能通过，其他两种能通过，也能将数据看作近似正态分布。

样本容量（样本中个体的数目）仅为 5～10 也可以进行正态性检验。但是样本容量过少时，即使是正态分布，也会受到质疑。因为那要看抽样时 5 个样本的代表性如何。用图形化汇总来验证数据是否正态分布携带的信息比较多，p 值、峰度、偏度都会在图形化汇总中显示出来。

第五节　总体平均数的抽样估计

通过对前面几节的讲述，解决了抽样调查的第一个问题，即根据总体的情况，抽取适当的样本，经过实测，得到样本的各种特征数值。

本节则讨论抽样调查的第二个问题，即如何由样本特征数对总体进行估测。至于各种抽样方法的选择和应用（即组织样本的方法），将在第五章详细论述。

一、样本平均数的分布

进行抽样调查的主要目的之一，是要用样本平均数（$\bar{x}$）估计总体平均数（μ）。当随机地抽取一个样本时，可以求得一个样本平均数 $\bar{x}_1$；从该总体中再抽取一个样本时，又可求得另一个样本平均数 $\bar{x}_2$。如果重复抽取许多样本（样本单元数皆为 m），则得到许多个样本平均数：$\bar{x}_1$，$\bar{x}_2$，…，$\bar{x}_n$。这些平均数各不相同，也是一群随机变动的数值，因此也遵从一定的概率分布，这个分布就称为样本平均数的分布。样本平均数的平均数可用 $\bar{x}$ 表示，其标准差可用 $\sigma_{\bar{x}}$ 表示。

关于样本平均数这个随机变量的概率分布有如下结论：

（1）样本平均数的平均数等于总体平均数，即 $\bar{x}=\mu$。

（2）样本平均数的标准差等于总体标准差的 $\dfrac{1}{\sqrt{n}}$ 倍，即 $\sigma_{\bar{x}}=\dfrac{\sigma}{\sqrt{n}}$。

（3）如果总体遵从正态分布，则无论样本大小如何，样本平均数的分布必定是正态分布；如果总体的频率分布不是正态分布，只要抽取的是大样本（$n \geqslant 50$），样本平均数的分布，也接近于正态分布。

以上这些结论，对于用样本去估测总体有很大意义，而成为统计估计理论的基础，证明从略，仅作如下解释：

关于（1），总体内随机抽取很多样本，则总体内各单元均有可能被抽中，而且各单元被抽中的机会相等，因此各个 $\bar{x}$ 的平均数将等于总体平均数。

关于（2），每个样本包含一定数量的单元，每个样本经过平均后所得的 $\bar{x}$，将不易出现原来极端大或极端小的数值，因此各个 $\bar{x}$ 的变动程度比原来各个 x_i 的变动程度小，同时每个样本的单元数愈大，则平均作用愈大，变动程度愈小。至于公式 $\sigma_{\bar{x}}=\dfrac{\sigma}{\sqrt{n}}$ 的证明，就在此省略了。

关于（3），不论总体原来的分布如何，或者发生正偏斜，或者发生负偏斜，由于经过平均所得 $\bar{x}$ 将分布于 μ 两旁，减轻偏斜程度，并使峰度低缓。

综上所述，当在同一个总体中，抽取 n 个样本时，则有 n 个 $\bar{x}$（样本平均数），这 n 个 $\bar{x}$ 的分布是正态分布。并且 n 个 $\bar{x}$ 的平均数 $\bar{x}$ 与总体平均数（μ）极为相似，视为相等。

但在实际调查工作中，不可能在同一个总体中抽取很多样本，一般只抽取一个，因此只能得到一个样本平均数（$\bar{x}$）。用 $\bar{x}$ 去估测总体平均数（μ）时，则会产生一定的差异。这个差异用标准误（$S_{\bar{x}}$）表示，其计算公式如下

$$S_{\bar{x}}=\frac{S}{\sqrt{n}}$$

式中：$S_{\bar{x}}$——标准误；

　　　S——样本标准差；

　　　n——样本单元数。

上述结论中有 $\sigma_{\bar{x}}=\dfrac{\sigma}{\sqrt{n}}$，即样本平均数的标准差等于总体标准差的 $\dfrac{1}{\sqrt{n}}$ 倍。

但由于总体标准差是一个未知数，所以在大样本的条件下，可以用样本标准差（S）来代替 σ。这样计算的结果就是样本平均数的标准差（即标准误）。也就是说，在总体中总体平均数的标准差和总体标准差存在着 $\sqrt{n}$ 倍的关系，同样在样本中，样本平均数的标准差也和样本标准差存在着 $\sqrt{n}$ 倍关系。

从公式 $S_{\bar{x}} = \dfrac{S}{\sqrt{n}}$ 可以看出：

标准误 $S_{\bar{x}}$ 的大小取决于样本单元数 n 的大小。在森林抽样调查中，则取决于样地数量的多少，抽取的样地愈多，则抽样误差（标准误）愈小；当样地数量增加到等于整个调查区域时，就等于全林实测，此时标准误等于零。

标准误 $S_{\bar{x}}$ 的大小，取决于样本标准差 S 的大小，也就是各样地蓄积量的变动程度。当森林分布比较均匀，各部分单位面积蓄积量变化不大时，标准误就比较小；假设森林内部单位面积蓄积量无变动（此时 $S=0$），则标准误等于零。

二、用大样本估计总体平均数的方法

如果欲估计某一总体的平均数（μ），首先从中随机地抽取一个大样本（$n \geqslant 50$），由样本资料可以得到 $\bar{x}$ 与 $S_{\bar{x}}$（用之代替 $\sigma_{\bar{x}}$）。

三、用小样本估计总体平均数的方法

在实际工作中，为了节省人力、物力和时间，常常用小样本资料对总体平均数进行估计。有时在某些条件的限制下（如缺乏大量的数据），也不可能用大样本的估计方法。所以小样本估计方法在实际工作中是非常有用的一种方法。

在用大样本估计总体平均数时，我们可以用样本标准差作为总体标准差的代用值。这是由于样本单元数很大时，样本标准差非常接近总体标准差。如果样本单元数很小，用样本标准差作为总体标准差的代用值，则会产生较大的误差。因此，当用小样本估计总体平均数时，用下述另一套方法：设以 $\bar{x}$ 表示由 n 个单元组成的样本的抽样平均数，以 S 表示其标准差，以 μ 表示总体平均数；如果总体的频率分布遵从正态分布时，则随机变量 $t_n = \dfrac{\bar{x} - \mu}{\dfrac{S}{\sqrt{n-1}}}$ 便具有

不依赖总体标准差的概率分布，这一概率分布称为学生氏分布（或 t 分布）。学生氏分布亦是一种连续型随机变量的概率分布，其概率密度曲线亦为左右对称的山状曲线，但较标准正态分布曲线低平，并且随自由度 $K=n-1$ 值的大

小而变化。K 愈小，曲线愈低平，而远离正态分布；K 愈大，愈趋近于标准正态分布（图 4-8）。

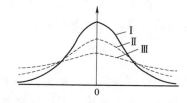

图 4-8　学生氏分布与标准正态分布比较

在用小样本资料估计总体平均数时，可以根据样本单元数 n 得到自由度 $K=n-1$，再根据所要求的可靠性从"小样本 t 分布表"中查出相应的 t 值，并由此确定估计误差限。

第六节　相关与回归

以上研究了随机变量的数量特征及其规律性，但还只限于对一个随机变量的讨论；对于两个或两个以上的随机变量相互之间关系的研究，则是本节讨论的内容。通过大量的试验和观测，在某些随机变量之间，往往存在着一定的关系，这种关系既不同于函数关系，具有某种不确定性，又在不确定性中蕴含着一定的规律性。

一、相关性分析

1. 相关的意义　在森林调查中，树木的材积、胸径和树高都是随机变量，但它们相互之间却有着密切的关系。如胸径大的树木，一般说来其树高比较大；树木的材积随着胸径或树高的增大或减小，也有着相应的增减等。尽管如此，已知其中一个变量的数值（如胸径或树高）却不能精确地求出另一个变量（如树高或材积）。也就是说，不能用一个简单的公式准确地确定二者之间的关系。这是因为影响树木材积或树高大小的，不是胸径或树高一个因子的单独作用。因此，变量之间既存在着密切的关系，又不能由一个（或几个）变量的数值准确地求出另一个变量的低值，则称这类变量之间的关系叫作相关关系。

在林业生产中，相关关系是大量存在的，除以上所举例子外，诸如树木材积、胸径、树高与年龄之间，角规测定每公顷胸高总断面积与实测每公顷总断面积之间，判读蓄积与实测蓄积之间等皆具有相关关系。

如果在两个变量中，对于其中一个变量的每一个数值，另一个变量都有一个确定的值与之对应；换句话说，用一个简单的公式，由一个变量的数值可以精确地求出另一个变量的相应数值，则称此二变量之间的关系为函数关系。如圆面积与直径的关系即为函数关系，可用下式表示

$$g = \frac{\pi}{4}d^2$$

函数关系是相关关系的一种特殊情况。如果当一个变量变动时，另一个变量所取得的数值完全不受任何影响，则称此二变量之间的关系为零相关。零相关是相关关系中的另一种特殊情况。

2. 相关的种类　根据自变量的多少，相关的种类可分为单相关和复相关；根据相关关系的方向，可分为正相关和负相关；根据变量间相互关系的表现形式，可分成线性相关和非线性相关；根据相关关系的程度，可分为不相关、完全相关和不完全相关。

3. 相关分析的内容　相关分析的内容包括：①明确客观事物之间是否存在相关关系；②确定相关关系的性质、方向与密切程度。

4. 相关表与相关图

（1）相关表。在定性判断的基础上，将具有相关关系的两个量的具体数值按照一定顺序平行排列在一张表上，以观察它们之间的相互关系，这种表就称为相关表。

（2）相关图。将相关表上一一对应的具体数值在直角坐标系中用点标出来而形成的散点图则称为相关图。利用相关图和相关表，可以更直观、更形象地表现变量之间的相互关系。

5. 相关系数

（1）相关系数的含义与计算。相关系数是直线相关条件下说明两个变量之间相关关系密切程度的统计分析指标。相关系数的理论公式为

$$r = \frac{\delta^2 xy}{\delta x \delta y}$$

简化式

$$r = \frac{n\sum xy - \sum x \sum y}{\sqrt{n\sum x^2 - \left(\sum x\right)^2} \times \sqrt{n\sum y^2 - \left(\sum y\right)^2}}$$

变形：分子分母同时除以 n^2，得

$$r = \frac{\dfrac{\sum xy}{n} - \dfrac{\sum x}{n} \times \dfrac{\sum y}{n}}{\sqrt{\left[\dfrac{\sum x^2}{n} - \left(\dfrac{\sum x}{n}\right)^2\right]\left[\dfrac{\sum y^2}{n} - \left(\dfrac{\sum y}{n}\right)^2\right]}}$$

$$= \frac{\overline{xy} - \bar{x} \times \bar{y}}{\sqrt{[\overline{x^2} - (\bar{x})^2] \times [\overline{y^2} - (\bar{y})^2]}} = \frac{\overline{xy} - \bar{x} \times \bar{y}}{\delta x - \delta y}$$

$$\delta x = \sqrt{\frac{\sum (x - \bar{x})^2}{n}} = \sqrt{\frac{\sum [x^2 - 2x\bar{x} + (\bar{x})^2]}{n}}$$

$$= \sqrt{\frac{\sum x^2}{n} - 2\bar{x} \times \frac{\sum x}{n} + (\bar{x})^2} = \sqrt{\overline{x^2} - (\bar{x})^2}$$

（2）相关系数的性质。

①r 取值范围：$|r| \leqslant 1$，$-1 \leqslant r \leqslant 1$。

②$|r| = 1$，$r = \pm 1$，表明 x 与 y 之间存在着确定的函数关系。

③$r > 0$，表明两变量成正相关；$r < 0$，成负相关；$r = 0$，不相关。

④$|r| \to 1$，存在着一定的线性相关；$|r|$ 绝对值越大，相关程度越高。$|r| < 0.3$，微弱相关；$0.3 \leqslant |r| < 0.5$，低度相关；$0.5 \leqslant |r| < 0.8$，显著相关；$0.8 \leqslant |r| < 1$，高度相关。

（3）相关系数运用的几点说明。

①计算相关系数时，两个变量哪个作为自变量，哪个作为因变量，对于相关系数的值大小没有影响。

②相关系数指标只能用于直线相关程度的判断，当其数值很小甚至为 0 时只能说明变量之间直线相关程度很弱或者不存在直线相关关系，但不能就此判断变量之间不存在相关关系。

③对于相关系数的绝对值大于 0.8 时，变量之间存在高度线性相关关系，通常还需要进行相关系数的显著检验。

二、回归分析

1. 回归的概念　在林业生产中，水分与苗木生长量相互之间是具有相关关系的两个变量，但是二者的关系，只能是苗木的生长依存于水分，而反过来则不存在依存关系或是没有研究的意义。因此在两个具有相关关系的变量中，如果从一个变量 x 的变化可以估测另一个变量 y 的变化时，被估测的变量 y 称为因变量，而作为估测依据的变量 x 称为自变量（即 y 依存于 x），这时称变量 y 对于变量 x 存在着回归关系。

在森林调查中某些调查因子之间应该是相关关系，如林木的材积与胸径之间的关系；但是由于树木的材积直接测定比较费事，在实际工作中往往只研究材积对胸径的依存关系，即回归关系，以期用胸径的资料对材积作出估计。因此在生产实践中，对于非因果关系的相关关系，常常不苛求其与回归的区别，而当作回归关系处理。

2. 回归分析的种类

（1）按照自变量的个数：一元回归与多元回归。

（2）按照回归的表现形式：线性回归与非线性回归。

研究一个因变量与一个自变量之间的线性关系，称为一元线性回归或简单线性回归；研究一个因变量与多个自变量之间的线性关系，称为多元线性回归。

3. 回归直线方程　　回归关系中最基本、最简单、最常用的是直线关系。因此我们借助对回归直线方程的讨论去理解一般的回归关系。现举例说明：

例：在森林资源清查中，为了提高调查精度，修正角规测定的蓄积，抽出24 块样地，用实测与角规测定两种方法获得 24 对数据（表 4-2）。

表 4-2　所得数据

编号	x	y	x^2	y^2	xy
1	1.9	1.4	3.61	1.96	2.66
2	2.0	1.3	4.00	1.69	2.60
3	2.1	1.8	4.41	3.24	3.78
4	2.5	2.5	6.25	6.25	6.25
5	2.7	2.8	7.29	7.84	7.56
6	2.7	2.5	7.29	6.25	6.75
7	3.5	3.0	12.25	9.00	10.50
8	3.5	2.7	12.25	7.29	9.45
9	4.0	4.0	16.00	16.00	16.00
10	4.0	3.5	16.00	12.25	14.00
11	4.5	4.2	20.25	17.64	18.90
12	4.6	3.5	21.16	12.25	16.10
13	5.0	5.5	25.00	30.25	27.50
14	5.2	5.0	27.04	25.00	26.00
15	6.0	5.5	36.00	30.25	33.00
16	6.3	6.4	39.69	40.96	40.32

（续）

编号	x	y	x^2	y^2	xy
17	6.5	6.0	42.25	36.00	39.00
18	7.1	5.3	50.41	28.09	37.63
19	8.0	6.5	64.00	42.25	52.00
20	8.0	7.0	64.00	49.00	56.00
21	8.9	8.5	79.21	72.25	75.65
22	9.0	8.0	81.00	64.00	72.00
23	9.5	8.1	90.25	65.61	76.95
24	10.0	8.1	100.00	65.61	81.00
合计					

求：回归直线方程。

解 将 $x_i y_i$（$i=1$，2，…，24）这些点绘在平面上，则这些点表现出直线的趋势，当然不是严格地落在一条直线上（图 4-9）。

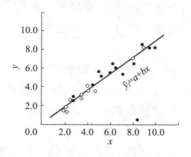

图 4-9 散点趋势

回归直线方程为 $\hat{y}_i = a + bx$。

现在问题归结为选择适当的参数 a、b，使直线 $y=a+bx$ 具备这样的特点：各个点（x_1，y_1），（x_2，y_2），…，（x_{24}，y_{24}）到该直线的距离最小。这样可以利用数学上求极值的方法，决定参数 a、b。从图上看到，假定直线 $y=a+bx$ 已经作出，则对应于每个 x 值有两个 y 值，一个是实际测定值 y_i，另一个则是由回归直线 $y=a+bx$ 计算所得的理论值 $\hat{y}_i$，回归直线方程则可表示为 $\hat{y}_i = a + bx$。我们希望 $\hat{y}_i$ 与 y_i 之间的差值越小越好。为避免正负相消，使 $\sum(\hat{y}_i - y_i)^2$ 为最小，即各试验点到回归直线的纵向距离平方和为最小。"平方"乃是"二次相乘"之意，故称此求算参数 a、b 的方法为"最小二乘法"。

（1）一元线性回归方程。一元线性回归方程是用来近似描述两个具有密切

相关关系的变量之间变动关系的数学方程式。该方程在平面坐标系中表现为一条直线，回归分析中称为回归直线，即

$$y_c = a + bx$$

式中，y_c 表示 y 的估计值，借以区别 y 的实际观察值；a 表示直线的起点值，即纵轴截距；b 表示斜率，即回归系数。

b（回归系数）与 r（相关系数）为

$$b = \frac{\overline{xy} - \overline{x} \times \overline{y}}{\delta^2 x} \qquad r = \frac{\overline{xy} - \overline{x} \times \overline{y}}{\delta x - \delta y}$$

运用数学等量关系式，故有

$$b = r \times \frac{\delta x}{\delta y} \qquad r = b \times \frac{\delta y}{\delta x}$$

①因为 δx、δy 均是正值，所以 b 与 r 的符号是一致的，所以可以通过回归系数 b 来确定 r 的符号，从而来判断相关的方向。

②b 与 r 的大小成正比例，所以还可以利用 b 来说明相关程度。

（2）一元线性回归的特点。

①回归分析是研究两变量之间的因果关系，所以必须通过定性分析来确定哪个是自变量，哪个是因变量；相关分析则是两变量之间的关系，没有自变量和因变量之分。

②回归方程在进行预测估计时，只能给出自变量的数值求因变量的可能值。即只能由 x 推出 y 的估计值 y_c，而不能据 y_c 逆推 x。

③线性回归方程中自变量的系数称为回归系数，回归系数为正，说明变量正相关，为负说明负相关。

④回归分析对于因果关系不甚明确，或可以互为自变量的两个变量，可以求出 y 依据 x 的回归方程，还可求出 x 依据 y 的回归方程；而相关分析中两个变量的相关程度指标，相关系数是唯一的。

4. 估计标准误与区间估计

（1）估计标准误。估计标准误就是实际值与估计值之间的偏差平均程度，用来说明回归方程代表性或推算结果的准确程度的分析指标计算公式如下

$$S_y = \sqrt{\frac{\sum (y - y_c)^2}{n - 2}} = \sqrt{\frac{\sum y^2 - a \sum y - b \sum xy}{n - 2}}$$

S_y 是估计标准误，计算结果若 S_y 值越小，说明各个散点离回归直线越近，实际值与估计值的偏差越小，回归直线的代表性越高，估计越准确可靠；计算结果若 S_y 值越大，说明各个散点离回归直线越远，实际值与估计值的偏差越大，回归直线的代表性越低，估计准确性越差。

（2）区间估计。根据变量之间的线性关系，建立直线回归方程的目的，在于给定自变量的值来估计因变量的可能值，该估计值是理论值，与实际值之间存在差异，差异的一般水平用估计标准误来表示，因此可以对因变量的取值范围进行区间估计，而不是只给一个估计值。

实际值通常以估计值为中心，上下在一定的区间范围内波动，在平面坐标图上各个散点总是围绕回归趋势直线上下在一定区间分布，如果成正态分布或近似正态分布，可以用正态分布的性质对实际值的分布范围（区间）进行可靠性估计。

5. 应用回归分析中应注意的问题

（1）从严格意义上讲，根据已知的资料建立回归方程，应该对回归方程的参数的有效性进行显著性统计检验，以判断回归估计的有效性。

（2）利用回归直线进行估计预测时，如果所给定的自变量的值在样本观察值的区间范围内，其估计通常比较准确；如果所给定的自变量的值在样本观察值的区间范围之外，一般要求所给定的自变量值不宜偏离样本观察数据的平均值太远，否则预测就会不准确。

例如，在立木材积测定中，大量试验、观测的结果说明，立木材积与胸径之间的回归关系，从平均意义上看，可以借用以下函数式来表达

$$V = aD^b$$

其中，V 表示材积，D 表示胸径，a、b 表示对某一确定的森林范围来说是一个常量。

那么，对大量立木来说，利用材积与胸径之间存在的关系，即可通过关系式 $V = aD^b$ 推算材积，从而使对胸径的测定，代替材积测定。当然这种关系是在平均意义上说的，它只反映了 V 与 D 之间关系的一种"趋势"，因而区别于函数关系。当通过一定数量的立木材积、胸径的资料，分析建立二者之间的关系之后，为使计算工作减少，还可以将 $V = aD^b$ 进一步编制成一元材积表，从而根据胸径很快地查找出材积来。在森林调查中常用的回归估计还有：目测蓄积与实测蓄积的回归估计、角规测定与样地实测的回归估计、航空相片判读蓄积与地面样地实测蓄积的回归估计等。

回归是数理统计的重要方法之一，由于电子计算机的广泛使用，计算有了高效工具，近年来回归方法的应用有了很大的发展。

三、相关系数及回归方差

当随机变量 x 和随机变量 y 存在相关关系时，知道了变量 x 的一个确定值，还不能精确地知道变量 y 的相应数值；但如果建立了回归直线方程，就可

以计算出 y 的估计值 $\hat{y}$。这种估计精度的高低，要看变量 x 与变量 y 之间存在的线性关系如何。也就是说，只有当两个变量之间存在一定的线性关系时，上述配合回归直线方程的方法才有实际意义。描写变量之间线性关系紧密程度的特征数称为相关系数，用 r 表示，其定义如下式

$$r = \frac{\sum (x_i - \bar{x})(y_i - \bar{y})}{\sqrt{\sum (x_i - \bar{x})^2 \times \sum (y_i - \bar{y})^2}}$$

$|r| \leqslant 1$，r 的绝对值越大，说明两变量（x 与 y）之间的线性关系愈密切，图上各点越靠近回归直线，此时用该回归直线表示两变量之间的关系就越精确。

当 $|r| = 1$ 时，x 与 y 呈函数关系；$|r| > 0.7$ 时，x 与 y 关系密切；$0.5 < |r| \leqslant 0.7$ 时，该回归直线尚可应用；$0.3 < |r| \leqslant 0.5$ 时，该回归直线应慎重使用；当 $|r| \leqslant 0.3$ 时，该回归直线不宜应用；当 $r = 0$ 时，则 y 完全不随 x 的变动而变动，即 y 与 x 为零相关。

当变量 y 随变量 x 的增大而增大时，则 $r > 0$，称 y 对 x 的直线相关关系为正相关关系；反之，当变量 y 随变量 x 的增大而减小时，则 $r < 0$，y 对 x 的直线相关关系称为负相关关系。

回归方程在一定程度上揭示了两个变量之间相互关系的内在规律；然而由于 x 和 y 之间是相关关系而不是函数关系，因此当知道了 x 值时，并不能精确地知道 y 的实际值，只能从回归直线上知道 y 的平均值（或称估计值）$\hat{y}$。因此，实际值与 $\hat{y}$ 的平均距离就是衡量回归直线精度的标准尺度，叫作回归方差，其定义为

$$S_y^2 = \frac{\sum (y_i - \hat{y}_i)^2}{n - 2}$$

这里自由度 $K = n - 2$，是因为利用了两个平均数 $\bar{x}$ 和 $\bar{y}$。

相关分析是回归分析的基础和前提，回归分析则是相关分析的深入和继续。相关分析需要依靠回归分析来表现变量之间数量相关的具体形式，而回归分析则需要依靠相关分析来表现变量之间数量变化的相关程度。只有当变量之间存在高度相关时，进行回归分析寻求其相关的具体形式才有意义。如果在没有对变量之间是否相关以及相关方向和程度作出正确判断之前，就进行回归分析，很容易造成"虚假回归"。与此同时，相关分析只研究变量之间相关的方向和程度，不能推断变量之间相互关系的具体形式，也无法从一个变量的变化来推测另一个变量的变化情况，因此，在具体应用过程中，只有把相关分析和回归分析结合起来，才能达到研究和分析的目的。

　　二者的区别主要体现在以下三个方面：

　　（1）相关分析主要通过相关系数来判断两个变量之间是否存在着相互关系及其关系的密切程度，其前提条件是两个变量都是随机变量，且变量之间不必区别自变量和因变量。而回归分析研究一个随机变量（Y）与另一个非随机变量（X）之间的相互关系，且变量之间必须区别自变量和因变量。

　　（2）相关系数只能观察变量间相关关系的密切程度和方向，不能估计推算具体数值。而回归分析可以根据回归方程，用自变量数值推算因变量的估计值。

　　（3）互为因果关系的两个变量，可以拟合两个回归方程，且互相独立，不能互相替换。而相关系数却只有一个，即自变量与因变量互换，相关系数不变。

　　很重要的一点，变量之间是否存在"真实相关"，是由变量之间的内在联系所决定的。相关分析和回归分析只是定量分析的手段，通过相关分析和回归分析，虽然可以从数量上反映变量之间的联系形式及其密切程度，但是无法准确判断变量之间内在联系的存在与否，也无法判断变量之间的因果关系。因此，在具体应用过程中，一定要始终注意把定性分析和定量分析结合起来，在准确的定性分析的基础上展开定量分析。

◆ **参考文献**

东北林学院林学系调查规划教研组，1975. 森林抽样调查基础知识讲座（二）[J]. 林业资源管理（4）.

刘恩元，董振刚，2012. 森林抽样调查设计的基本原则 [J]. 黑龙江科技信息（20）.

史京京，雷渊才，赵天忠，2009. 森林资源抽样调查技术方法研究进展 [J]. 林业科学研究（1）.

魏占才，2006. 森林调查技术 [M]. 北京：中国林业出版社.

◆ **思考题**

　　（1）熟练掌握以下概念：

　　总体、样本单元、变异系数、正态分布、算术平均数、标准差、相关分析、回归分析。

　　（2）什么是必然事件、不可能事件、随机事件？

第五章　森林抽样调查方法

第一节　森林抽样调查概述

森林抽样调查是以数理统计为理论基础，在调查对象（总体）中，按照要求的调查精度，从总体中抽取一定数量的单元（样地）组成样本，通过对样本的量测和调查推算调查对象（总体）的方法。要做好林业规划和生产工作，必须通过实际调查，对森林资源作出基本的数量的分析。森林抽样调查提供了进行这种调查、分析的原理和方法。

在森林调查中，广泛地采用了抽样调查的方法，这是由于：

第一，森林面积辽阔。在很多情况下，总体单元数甚多，一般不可能对总体的全部单元都加以测定。例如：若利用二元材积表求算某县蓄积量，不可能对全县每株树的胸径和树高都进行测定；某些情况下，虽然总体单元数不是很多，由于对各单元的测定带有破坏性，譬如，进行树干解析，需要将树木伐倒锯截，因此，仍不可能对总体的全部单元都加以测定。

第二，根据抽样调查的理论，在保证一定精度的条件下，可以设计出抽样调查的最优方案，用最少的工作量完成预定精度要求的调查任务。

第三，应用抽样调查方法，不仅可以通过样本推算总体的估计值，同时，还可以确切地指明这种估计值可能产生的最大误差有多少以及作出这种估计的可靠性有多大。

森林抽样调查的实质是：在总体中随机抽取一部分单元组成样本，对样本单元进行全面调查，然后根据样本资料对总体的某些数量特征和规律性进行估计，并指明这种估计的误差限及可靠性。

森林抽样调查的具体方法很多，常用的有，简单随机抽样、系统抽样（机械抽样）、分层抽样、两阶抽样、回归估计等。无论采用哪种抽样方法，在森林调查之前，都必须设计森林抽样调查的最优方案。为此，应充分考虑以下几个问题：

①明确林业生产和林业规划的要求，根据要求确定这次抽样调查必须取得哪些调查成果，需要掌握哪些数据，以及这些数据要求达到的精度；②根据森

林经营的要求，准确地划分所研究的总体和单元；③充分掌握和利用过去已有的调查资料，根据以往的资料和生产的要求，同时考虑到调查地区的林况、地况等因子，选取适宜的调查方法，确定合理的样本单元数，正确地组织样本，设计抽样方案。

抽样调查的目的在于通过样本估计总体。因此，任何一种抽样调查，都包括两个重要环节：抽样和估计。第一，抽样，即怎样抽取样本，以及样本中应包含多少单元才能保证既定的精度要求；第二，估计，即在调查研究了样本之后，怎样对总体作出正确估计并指出这种估计的精度及其可靠性。为了保证森林调查工作达到预期的目的要求，必须对抽样调查的这两个环节进行精心设计。

采用森林抽样调查方法的原因：①森林面积辽阔，地形复杂，研究对象数量多、变化大且具有再生性，不可能也没有必要进行全面调查，只能采用抽样方法来解决。②森林大都属于自然变异，是数理统计合适的抽样对象。森林调查因子都属于数量标志，各单元在同一标志上并不完全相同。③根据抽样理论，可以用最少的工作量达到成本低、效率高、精度高和预期要求的目的。

由于有着上述若干特点，抽样调查有很大的实用价值。因此，抽样技术非常适用于森林资源调查。这也是近 30 年来各种抽样技术在森林资源调查中得以广泛应用和发展的主要原因。

森林抽样调查的方案设计：

抽样是用抽取的样本估计总体参数。通常是估计总体平均值和总体总量。由样本推算总体称为估计。森林抽样调查是以概率及其分布率作为理论基础。抽样调查的主要特点是通过调查数据的分析可以取得估计误差，提出调查的精度指标。但是计算的理论精度与实际精度偏离多少，理论精度是否真实，这就需要掌握抽样误差和偏差及其影响。

满足所有要求的最佳设计方案，需要考虑到许多因素，甚至有时比较困难。因为森林经营需要各种调查因子的数据资料，在设计的方案中对某因子的调查可能最佳，而对另一因子可能就不是最佳的。例如，调查的某总体的森林蓄积量为最佳，但是对于森林生长量来说则不一定是最佳。一般来说，我们设计的最佳方案是对目的总体而言的。在调查设计中，不仅需要坚实的理论基础，还需要丰富的实践经验，才能取得理想的森林调查方案。

1. 目的、任务、要求和现有资料　森林调查的主要内容和方案的制定取决于调查目的。目的和方案设计有密切关系：目的必须明确，按照目的制定方案。森林调查的目的必须由调查成果使用者——决策人和调查专家共同确定，不能只由专家决定。森林调查专家设计的方案应为用户提供达到精度要求的资料。

调查目的和要求是根据林业生产需要和经营要求确定的。其总目的是查清、查准森林质和量的特点及其变化规律，以用于合理地组织林业生产，制定生产计划、林业规划和木伐量调整方案等。从制定方案出发的这些目的称为森林调查的总目的。调查的详细程度决定于森林经营强度。在集约经营的调查中，需要取得小班资料和林相图，小班蓄积量精度要求 90％以上，面积精度95％以上。在粗放的经营调查中，森林调查蓄积量精度不落实到小班，只有数字，且不要求绘林相图。

设计调查方案还要根据现有资料和调查地区的林况、地况和自然条件进行。如调查地区有新摄影的大比例尺航空相片，就可采用应用航空相片进行调查的方法；如无相片，则要考虑不用相片调查的方案。调查方法因调查的林况、地况和森林种类不同而宜，某种方法在甲地区调查为最优，在乙地区并不一定适用。须知，没有任何的方法能够适合于所有地区的调查，都是要根据调查地区的具体情况、目的和任务要求，确定适合于某一地区的调查方案。

2. 正确地划分总体和单元

（1）总体和单元。在抽样设计中总体和单元具有重要作用和意义，森林调查中必须要明确地表达出其定义。单元是观测或调查的单位，总体是单元的集合体。其主要特征是每个总体内的各单元属于同一类，并且单元间的属性或特征有差别，称其为变量。

森林调查中是以调查对象为总体。将它划分成许多相互连接、不重复的地块，每个地块作为一个观测单位就是一个单元，在这种情况下是由面积单元组成的总体。随机抽样中的每个单元就是一个样地。若把森林面积所划分的面积单元大小加以改变，在调查中以树木为单元时，林中所有树木的集合体即为总体。从调查的角度看，总体单元的树木具有许多特征，如胸径、树高、生长量、年龄等，在统计意义上各单元的每一项特征值均可构成一个总体。因此，以树木作为单元而构成的总体视为统计上不同的总体。在这种情况下，单元值的集合体即为总体。用网点抽样法估计面积时，可把总体视为无数点的集合体。

总体可分为抽样总体和目标总体。后者为取得信息的总体。所有森林调查的目的都是用数量来说明总体，以便使调查结果为森林经营设计、实施和检查服务。据此可得出结论：林业工作者应从一片森林的许多总体中，选出最合乎调查目时的总体。同时从工作和统计技术观点看，要求选的总体必须具备最优条件。正确地划分总体是调查设计和实现森林调查目的的首要前提。

森林总体多数是空间成层的，其单元有时不是随机分布的。这两点认识是抽样设计和实施森林调查的两个基本点，所有统计的规律都以概率法则为基础，但在总体内单元的分布受其他因子而不是受概率所制约，这就需要以样本的分布运用概率法则确定。这一点在下面各章的抽样设计中将占重要地位。

总体是一个估计范围的界限，而总体参数是总体内一些特征的具体数值。它应满足的条件是，能提供充分的资料。参数可使总体之间便于比较，在许多情况下，没有参数就无法进行比较。最重要的参数是总体平均数和方差。

（2）总体大小。在森林抽样调查中，总体是精度落实的单位。其大小依生产要求精度落实的单位而定。如要求蓄积量精度落实到林班，则应以林班为总体才能保证精度要求；如要求到林场，以林场为总体进行蓄积量调查才能保证蓄积量精度要求。一般来说，总体愈大，抽样效率愈高。在大小不同的两个总体中，变动系数相近似时，用相同的样本单元数就可以取得同样精度。抽样精度与总体面积大小无关，而与变动系数有关。因此，面积愈大，抽样效率愈高。

（3）正确地划分单元。总体平均数和方差是通过单元计算的。单元的划分对总体参数和精度有着重要的影响。在理论上可把森林按其组成面积单元大小划分为无数个总体。

3. 正确组织样本　组织样本和估计总体是抽样调查的两个重要环节。它们是相互联系的，在设计方案中应同时考虑如何正确地组织样本和对总体进行估计。

抽样是从总体抽取一部单元代表总体。其目的是对整个总体作出正确的推断。在总体中随机抽中的单元称作样本单元，由样本单元组成样本。只有当抽取的样本能真正代表总体时，对总体的推断才是正确的。因此，在抽取单元时必须要遵守随机和等概率的原则，才能保证抽取样本的正确性。随机可以避免主观性，等概是每个单元都有同等被抽中的概率。总体中每个单元出现的概率已知，采用随机抽取的方法才能严格实现这一原则。

抽样误差公式和参数估计值都是以随机和等概原则为基础。如果不满足这一原则，估计值因其概率无法确定而不能符合。如果总体单元的单位相同，其抽样方法符合已知概率，就可由样本计算出参数估计值的标准误和在一定概率水准下的置信区间。

随机抽样只能在总体单元划分之后进行，这些单元必须编号，随机抽样调查与概率有密切关系，并认为总体分布是正态分布。非正态分布总体，当样本单元数足够大时，其样本分布近似为总体分布。随机抽样调查是基于正态分布理论进行的。抽样调查是用样本估计总体参数，最重要的总体参数是平均值和方差。平均值是描述总体的一个重要指标，根据正态分布理论由方差可以取得估计值精度。抽样调查取得的成果能否代表总体真实情况和精度高低决定于这两项指标。

森林抽样调查方案评定指标：

（1）可靠性。调查结果应用精度指标，抽样调查不仅能客观地估计误差，并有概率保证，一般用95％的概率保证即可。

（2）有效性。误差小、效率高、成本低。

（3）连续性。适宜建立森林资源连续清查体系，通过定期复查，能够及时地分析森林资源的消长变化。

（4）灵活性。调查方案可塑性大，适用范围广，能满足林业科学技术发展的要求。在林区进行综合性调查时，要尽量注意使估计参数不同的抽样方案相互嵌套，以利提高工效，降低成本。

目前，我国把森林调查工作归结为三类：

第一类：以全国、省、大林区等作为森林调查的总体，简称一类调查，它是按预定的精度要求，提供调查总体的森林资源数据，在规定的时间内，查清其森林资源，并分析森林资源的消长变化规律。为制定林业方针、政策和国民经济计划提供依据。一类调查主要是森林资源的连续清查。目的是从宏观上掌握森林资源的现状和变化。在一般情况下，不要求落实到小地块，也不进行森林区划。当前大都采用以固定样地为基础的连续抽样方法。

第二类：森林规划调查，简称二类调查。它要求了解每个山头、地块的林况、地况，要把森林资源数据落实到每个小班或经营类型；根据需要，还应进行森林更新、立地条件、社会经济条件等专业调查，为制定林业规划和组织森林经营提供依据。森林规划调查的对象很多，根据要求而定。例如，可以是县或国有林区的林业局、林场或采育场、公社或社（队）林场、在较小范围内属于同一运输系统或同一流域的林区等。由于二类调查的对象及其具体条件不同，其调查的内容、方法和要求也不一样，但是，多以小班调查为基础。二类调查主要包括区划、调查、调查成果分析三大部分。①区划。林业基层企业的区划包括分场或营林区及林班。其中林班是永久性经营单位，是二类调查的资源统计单位。林班区划方法分为自然区划、人工区划和综合区划。②调查。以适用的地图如地形图、平面图或航空相片等为依据首先按区划的林班，设计调查方案和进行的路线。森林经理调查中的资源调查，主要是在划分小班的同时进行的目测与实测。小班是以经营措施一致为主要条件划分的。③调查成果分析。主要成果必须满足编制经营方案以及林业区划或总体设计所需资料的要求。主要包括：地类面积，森林面积，用材林近成熟、过熟林组成，树种蓄积，人工林及四旁树、经济林、竹林等资源数据及林相图，森林分布图等资料和调查报告说明书等。

第三类：作业设计调查，简称三类调查。凡在林业生产施工之前进行的调查设计均属此类，如伐区调查设计、抚育采伐设计等。三类调查的对象是林业生产单位的某一局部地段。作业设计调查是林业基层单位为满足伐区设计、抚育采伐设计等的需要而进行的调查。对林木的蓄积量和材种出材量要作出准确的测定和计算。在调查过程中，对采伐木要挂号。根据调查对象面积的大小和林分的同质程度，可采用全林实测或标准地调查方法。调查结果要提出物质—货币估算表。

实践证明，各类森林调查均可采用抽样调查的方法。问题的关键是，如何根据具体情况和要求，选取最有效的抽样方法，并设计出抽样调查的最优方案。

1930 年以来，由于数理统计理论的发展，在许多国家的森林调查中，抽样调查方法得到了日益广泛的应用。1960 年开始，我国许多省份的林业勘察设计队（院）和林业院校先后进行了大量的森林抽样调查的试验研究工作，取得了宝贵经验。1973—1976 年，根据农林部的部署，全国广泛采用抽样调查方法，开展了全国性的森林资源清查工作，并开始逐步建立全国和省级的森林资源连续清查体系。在森林调查中，开始应用电子计算机技术。

近十几年来，世界森林调查技术提高到了一个新的水平。数理统计方法的深入发展和广泛应用，精密测树仪器的研制和测定精度的不断提高，特别是 20 世纪 70 年代以来，随着航空技术、遥感技术、电算技术、模拟、运筹学等最新技术的发展和应用，使森林调查工作迅速地向着精度高、速度快、成本低和连续化、自动化的方向发展。新技术的发展和应用，必将使森林调查技术发生巨大变化，提高到一个崭新水平。

森林抽样调查方法很多，本章简要介绍几种常用的抽样调查方法。为便于学习和理解，下面列出一个实测试验区的材料。该试验区的面积为 64 公顷，以该面积林木的总材积作为抽样总体。把总体面积划分成 0.16 公顷的等大小地块，每个地块的蓄积量作为一个总体单元，因此，总体单元数为

$$N＝64/0.16＝400$$

将总体单元由 1 至 400 依次编号。为便于验证抽样调查的实际精度，对全部总体单元都进行了实测。总体的实测蓄积量为 9 577 米^3，每个单元的平均蓄积量为 23.94 米^3。

从 400 个总体单元中，可用不同的抽样方法抽取若干个单元组成样本，用样本估计总体。由于对总体进行了全面实测，因此可以把总体的抽样估计值同总体的实测值进行对比分析。

第二节　简单随机抽样

一、简单随机抽样的概念

一般地，设一个总体含有 N 个个体，如果通过逐个抽取的方法从中抽取一个样本，且每次抽取时各个体被抽到的概率相等，则这样的抽样方法叫做简单随机抽样。

从 N 个总体单元中抽取 n 个单元组成样本，能够组成的样本数目为

$$C_N^n = N!/n!(N-n)$$

其中每组样本被抽中的概率为 $1/C_N^n$。

例如：假定总体含有 5 个单元 1、2、3、4、5，每次抽取 3 个单元组成样本，则可以组成的样本数目为

$$C_5^3 = \frac{5!}{3!(5-3)!} = 10$$

即可以组成 123、124、125、134、135、145、234、235、245、345 等 10 组样本。每组样本被抽中的概率是 1/10。在抽取的样本中，只要单元的号码相同，而不论其排列顺序如何，均属同一样本。例如，123、132、213、231、312、321 六个样本是相同的，均属同一样本。

实践中，简单随机抽样的样本单元是逐个抽取的。将总体单元由 1 至 N 逐个编号，在随机数字表从 1 至 N 的范围内抽取 n 个随机数字，用这些数字对应的单元组成样本。

利用随机数字表组织样本的方法，称作随机数字表法。随机数字表是按抽签原则随机抽出大量的数字所制成。因为每抽出一个数字都是随机的，所以，表中的数字次序也都是随机的。利用随机数字表组织样本的具体步骤是：已知总体单元数为 400，需要从中抽取 48 个单元组成样本，则将 400 个单元分别编定号码 1，2，…，399，400。然后在随机数字表中抽取 48 个单元组成样本。抽取时，可以按横行的次序抽取，也可以按直行的次序抽取；可逐行依次抽取，也可每隔一定的行数（如每隔 5 行或 10 行）抽取。由于表中每个数字都是 4 位数，所以可预先规定只取前 3 位数或只取后 3 位数。如果抽到的数字比 400 大，则舍弃，再依原来的抽取次序进行补抽，直至抽足 48 个单元。

简单随机抽样在林业调查中应用很普遍，不仅适用于大面积林区，而且适用于林分或伐区调查。1974 年于璞和介绍了如何在森林资源清查中实施简单随机抽样：①用样点到第 i 株最近木的平均距离推算每公顷株数；②以测定样

点附近几株立木的直径和树高，确定单株木的平均材积，将此两项相乘得到每公顷材积，这种方法不设标准地，测定简单，并能客观地估计抽样误差，所以省时省力。

简单随机抽样的特点是：每个样本单位被抽中的概率相等，样本的每个单位完全独立，彼此间无一定的关联性和排斥性。①简单随机抽样要求被抽取的样本的总体个数 N 是有限的；②简单随机样本数 n 小于等于样本总体的个数 N；③简单随机样本是从总体中逐个抽取的；④简单随机抽样是一种不放回的抽样；⑤抽样的每个个体入样的可能性均为 n/N。

简单随机抽样的局限是：①事先要把研究对象编号，比较费时、费力；②总体分布较为分散，会使抽取的样本的分布也比较分散，给研究带来困难；③当样本容量较小时，可能发生偏向，影响样本的代表性；④当已知研究对象的某种特征将直接影响研究结果时，要想对其加以控制，就不能采用简单随机取样法。

简单随机抽样的具体做法是：

（1）直接抽选法。直接抽选法，即从总体中直接随机抽选样本。如从货架商品中随机抽取若干商品进行检验，从农贸市场摊位中随意选择若干摊位进行调查或访问等。

（2）抽签法。先将总体中的所有个体编号（号码可以从 1 到 N），并把号码写在形状、大小相同的号签上，号签可以用小球、卡片、纸条等制作，然后将这些号签放在同一个箱子里，进行均匀搅拌。抽签时，每次从中抽出 1 个号签，连续抽取 n 次，就得到一个容量为 n 的样本，对个体编号时，也可以利用已有的编号，例如从全班学生中抽取样本时，可以利用学生的学号、座位号等。抽签法简便易行，当总体的个体数不多时，适宜采用这种方法。

（3）随机数表法。随机数表法，即利用随机数表作为工具进行抽样。随机数表又称乱数表，是将 0 至 9 的 10 个数字随机排列成表，以备查用。其特点是，无论横行、竖行或隔行读均无规律。因此，利用此表进行抽样，可保证随机原则的实现，并简化抽样工作。

其步骤是：①确定总体范围，并编排单位号码；②确定样本容量；③抽选样本单位，即从随机数表中任一数码开始，按一定的顺序（上下左右均可）或间隔读数，选取编号范围内的数码，超出范围的数码不选，重复的数码不再选，直至达到预定的样本容量为止；④排列中选数码，并列出相应单位名称。

举例说明如何用随机数表来抽取样本。

当随机地选定开始读数的数后，读数的方向可以向右，也可以向左、向上、向下等。

在上面每两位、每两位地读数过程中，得到一串两位数字号码，在去掉其中不合要求和与前面重复的号码后，其中依次出现的号码可以看成是依次从总体中抽取的各个个体的号码。由于随机数表中每个位置上出现哪一个数字是等概率的，每次读到哪一个两位数字号码，即从总体中抽到哪一个个体的号码也是等概率的。因而利用随机数表抽取样本保证了各个个体被抽取的概率相等。

二、简单随机抽样的估计值

1. 总体平均数的估计值　在抽样调查中，用样本平均数（$\bar{y}$）作为总体平均数的估计值。

在含有 N 个单元的总体中，随机抽取 n 个单元组成样本。设样本单元的标志值为 y_i（$i=1,2,\cdots,n$），则样本平均数为

$$\bar{y} = \frac{1}{n}\sum_{i=1}^{n}y_i$$

式中：$\bar{y}$——样本平均数；

n——样本单元数；

y_i——第 i 个样本单元的标志值。

总体平均数的估计值为

$$\hat{Y} = \bar{y} = \frac{1}{n}\sum_{i=1}^{n}y_i$$

式中：$\hat{Y}$——总体平均数的估计值。

2. 总体总量的估计值 $\hat{Y}$

$$\hat{Y} = N\bar{y} = N\frac{1}{n}\sum_{i=1}^{n}y_i$$

式中：N——总体单元数。

若总体面积为 A，以一定面积（a）的林地作为样本单元时，则总体单元数为

$$N = \frac{A}{a}$$

这时，总体总量的估计值可写为

$$\hat{Y} = N\bar{y} = \frac{A}{a}\bar{y}$$

式中：A——总体面积；

a——样本单元面积。

3. 总体标准差（σ）的估计值 S　当抽取 n 个单元组成样本时，总体标准

差（σ）的估计值为

$$S = \sqrt{\frac{\sum\limits_{i=1}^{n}(y_i - \bar{y})}{n-1}}$$

4. 标准误的估计值

（1）重复抽样。被抽中的单元重新放回总体，继续参加下次抽取，称为重复抽样。在重复抽样条件下，标准误的估计值为

$$S\bar{y} = \frac{s}{\sqrt{n}}$$

（2）不重复抽样。被抽中的单元不再放回总体，抽样是在不重复的条件下进行的。这时，标准误的估计值为

$$S\bar{y} = \frac{s}{\sqrt{n}}\sqrt{1-\frac{n}{N}}$$

式中 $1-\dfrac{n}{N}$ 为有限总体改正项。其意义是：在总单元数为 N 的总体中，n 个单元已经实测，不存在抽样误差，只有 $N-n$ 个单元有抽样误差，故用 $1-\dfrac{n}{N}$ 进行改正。在全面调查中，$1-\dfrac{n}{N}$ 等于零，因而抽样误差也是零。如果抽样比 $\dfrac{n}{N} < 0.05$，其改正量很微小，故改正项可忽略不计。在森林调查中，虽然广泛采用不重复抽样，但由于总体单元数一般都非常大，抽样比很小（$\dfrac{n}{N} <$ 0.05），$\sqrt{1-\dfrac{n}{N}}$ 接近于 1，因此，一般仍按重复抽样的方法进行估计。

5. 总体总量的误差限估计值　总量的误差限可用两种方法表示：

（1）绝对误差限。

$$\Delta\hat{Y} = NtS\bar{y}$$

（2）相对误差限。

$$E = \frac{\Delta\hat{Y}}{\hat{Y}} \times 100\%$$

或

$$E = \frac{ts\bar{y}}{\bar{y}} \times 100\%$$

抽样估计的精度为

$$P = 1 - E$$

式中：t——可靠性指标。大样本时，按可靠性要求，由标准正态概率积

分表（表 5-1）查得 t 值。

表 5-1　标准正态概率积分

可靠性（%）	50	68.3	80	90	95	95.4	99
可靠性指标 t	0.67	1.00	1.28	1.64	1.96	2.00	2.58

小样本时，样本平均数的分布遵从 t 分布。按可靠性要求和自由度（$n-1$）由小样本 t 分布数值表查得 t 值。例如，可靠件为 95%，自由度 $n-1=47$ 时，$t=2.02$。

6. 总体平均数的估计区间　总体平均数的估计区间为 $\bar{y} \pm t S \bar{y}$。

7. 总体总量的估计区间　总体总量的估计区间为 $\hat{Y} \pm \Delta \hat{Y}$，或写成 $N(\hat{Y} \pm \Delta \hat{Y})$。

三、简单随机抽样的工作步骤

1. 准备调查用的图面材料　一般采用航空相片或地形图、林相图作为调查用图。将调查总体的范围在图面材料上勾绘出来，并求算总体面积 A。

2. 确定样地的形状和大小　森林抽样调查的常用样地形状有：方形样地、矩形样地、圆形样地、模拟样地、角规样地等。目前，我国多采用方形样地。据试验，样地面积相同时，矩形样地的估计效果好于方形样地。但是，矩形样地的周界较方形样地长，这不仅增加了样地测设的工作量，而且由于对样地边界林木的取舍不当，将使估计值产生很大偏差。若采用矩形样地，其长边与短边之比以 2∶1 至 5∶1 为好。

选择效果最好的样地面积，是设计森林抽样调查方案的一个重要环节。样地面积愈大，样本的变动系数愈小。当样地数量相同时，面积大的样地，抽样估计的精度也较高。但是，样地面积增大，样地测设的工作量也增大，而且样地面积增大到一定程度后，样本的变动系数则减小很少，趋于稳定在某一数值。因此，应该根据变动系数随样地面积减小的幅度来确定高效率的样地面积。通常，把变动系数开始趋于稳定的面积作为抽样调查采用的样地面积。目前，世界各国采用的样地面积多为 0.01~0.2 公顷。样地面积不大时（不大于 0.04 公顷），也可采用圆形样地。

3. 确定合理的样本单元数　根据样本估计总体平均数时，应该抽取具有一定单元数的样本。只有样本单元确定合理，才能既满足预计的精度要求，又使抽样调查的外业工作量最小。合理的样本单元数是根据抽样的允许误差和总体的变动程度来确定的。

（1）在重复抽样条件下，样本单元数用下式确定。

$$n = \left(\frac{tc}{E}\right)^2$$

式中：n——样本单元数；

　　　t——可靠性指标；

　　　c——总体变动系数；

　　　E——相对允许误差。

（2）在不重复抽样条件下，或当抽样比 $f = \frac{n}{N} > 0.05$ 时，样本单元数用下式确定。

$$n = \frac{Nt^2C^2}{NE^2 + t^2C^2}$$

森林调查中，虽然多为不重复抽样，但由于总体单元数一般都很大，抽样比很小（$\frac{n}{N} < 0.05$），因此，仍按重复抽样计算样本单元数。

4. 布点　布点就是将确定的样本单元数，随机地布设在抽样总体内。一般是在平面图或地形图上，用网点板进行布点。其方法步骤是：

（1）根据样地大小确定点间距。若样地面积为 a，样地形状为正方形，则点间距为

$$L = \sqrt{a}$$

例如：样地面积为 0.16 公顷，则

$$L = \sqrt{a} = \sqrt{0.16 \times 10\ 000} = 40\ （米）$$

（2）准备一个较密的网点板，按调查用图的比例尺，使网眼面积等于样地面积。对落入调查总体内的网点依次编号，每个网点代表一个总体单元。

（3）用随机数字表，按计算的样本单元数抽取样本。再把网点板覆盖在调查用图上，将被抽中的网点刺在图面上或航空相片上。这些点就是样地在图面上的位置。

5. 样地定位　将图面上布设的样点落实到地面上的工作，就是样地定位。

样地定位以引点法为主。即首先在图上的样点附近找一明显地物标，并在图上测量地物标到样点的距离和方位角（α），然后在现地找到该地物标，通过仪器定向和量距，确定样点的地面位置。有航空相片时，若相片样点附近有明显地物，可首先用辐射线法将地物交会于地形图上，再根据该明显地物，用引点法进行样地现地定位。

6. 样地设置和调查　在地面上确定样点位置后，即可进行样地的设置与调查。样地调查的目的是取得样本资料，用以估计总体，因此，样地的设置和调查应特别细致，数据要准确。

（1）样地的设置。

①方形样地。方形样地可采用对角线法或闭合导线法设置。

用对角线法设置样地就是，将仪器置于样地中心，通过测量样地对角线的方法确定其周界。方形样地 1/2 对角线的长度可由森林调查常用数表查得。

用闭合导线法设置样地时，样地周界的测量闭合差不得大于 1/200。方形样地的边长可由森林调查常用数表查得。

②圆形样地。样地面积不大时（不大于 0.04 公顷），也可采用圆形样地。其设置方法是，将仪器置于样地中心，至少在 8 个方向上测量样圆半径，明确样地周界。在测量半径的方向上，当坡度大于 5 度时，半径长度应进行坡度改算。样圆半径的坡度改算值可由森林调查常用数表查得。

设置固定样地时，应于样地中心和四个顶点埋没标记，以便复查。

（2）样地调查。样地调查的内容依据调查目的任务而定。一般应包括以下几项：每木检尺（包括活立木、枯立木和倒木等）、树高和林龄调查、生长量调查、林况及经营措施调查、立地条件调查。

各项因子的调查方法和要求，必须预先作出明确规定，并严格执行。外业资料要完整、准确、清楚。

7. 外业调查材料的检查　按照预先规定的要求，对外业调查材料进行检查验收。凡不合规定要求者，必须重新调查。若所检查的样地材料，其中不合格者超过了规定的要求（一般定为 40%～50%），则外业材料全部作废。

8. 内业计算　在对外业调查材料进行检查和整理的基础上，计算样本特征数，并通过样本估计总体。

四、简单随机抽样的应用

简单随机抽样是最基本的抽样方法，是各种抽样方法的基础。它的基本要求是：

（1）当总体的分布是正态分布或接近于正态分布时，可采用小样本的方法进行估计；如果总体的分布不是正态分布，则样本单元数必须充分大时（一般情况下，要求样本单元数大于 50），才可应用上述方法进行估计。

（2）每个总体单元，必须有同等被抽中的机会。

简单随机抽样，可用于大面积的森林调查，也可用于小面积的调查，如小班调查。只要遵从上述原则，不论是天然林、次生林或人工林，均可采用简单随机抽样的方法进行调查。在森林调查中，由于简单随机抽样的样点定位比较困难，故多采用系统抽样的方法组织样本。

第三节　系统抽样（机械抽样）

一、系统抽样的概念

系统抽样又称为等距抽样或机械抽样，是依据一定的抽样距离，从总体中抽取样本。要从容量为 N 的总体中抽取容量为 n 的样本，可将总体分成均衡的若干部分，然后按照预先规定的规则，从每一部分抽取一个个体，得到所需要的样本的抽样方法。系统抽样布点均匀，组织样本简便易行，样点定位比较方便。在无周期性影响的情况下，系统抽样的精度高于随机抽样。因此，常用系统抽样代替简单随机抽样。

系统抽样的分类：根据总体单位排列方法，等距抽样的单位排列可分为三类：按有关标志排队、按无关标志排队以及介于按有关标志排队和按无关标志排队之间的按自然状态排列。按照具体实施等距抽样的做法，等距抽样可分为：直线等距抽样、对称等距抽样和循环等距抽样三种。系统抽样分为间隔定时法、间隔定量法、分部比例法。

系统抽样的特点：抽出的单位在总体中是均匀分布的，且抽取样本可少于纯随机抽样。

系统抽样的要求：系统抽样既可以用同调查项目相关的标志排队，也可以用同调查项目无关的标志排队。

系统抽样要防止周期性偏差，因为它会降低样本的代表性。例如，军队人员名单通常按班排列，10人一班，班长排第1名，若抽样距离也取10时，则样本或全由士兵组成，或全由班长组成。

系统抽样的样本容量：

①无序系统抽样的样本容量。若对总体采用按无关标志排队的系统抽样时，可采用简单随机抽样的样本容量公式确定系统抽样的样本容量。由于系统抽样一般都是不重复抽样，故采用简单随机抽样中的不重复抽样的样本容量公式确定系统抽样的样本容量。

②有序系统抽样的样本容量。若对总体采用按有关标志排队的系统抽样，则样本容量的确定应根据以往的资料估计。其样本容量的确定公式与简单随机抽样样本容量的确定公式基本相同（只需用层内方差的平均值替换总体方差即可）。

系统抽样的优缺点：等距抽样方式相对于简单随机抽样方式最主要的优势就是经济性。等距抽样方式比简单随机抽样更为简单，花的时间更少，并且花费也少。使用等距抽样方式最大的缺陷在于总体单位的排列上。一些总体单位数可能包含隐蔽的形态或者是"不合格样本"，调查者可能疏忽，把它们抽选为样本。由此可见，只要抽样者对总体结构有一定了解时，充分利用已有信息对总体单位进行排队后再抽样，则可提高抽样效率。

系统抽样的排序方法：采用等距抽样时，必须首先对总体单位按某种标志进行排序，有下列两种排序方法。

①按无关标志排序。即总体单位排列的顺序和所要研究的标志是无关的。如调查职工的收入水平，可按姓氏笔画排列的职工名单进行抽样；工业生产质量检验可按产品生产的时间顺序进行等距抽样等。一般认为，按无关标志排队的等距抽样是一种抽签法，又称无序系统抽样。

②按有关标志排序。即总体单位排列的顺序与所要研究的标志是有直接关系的。例如，产量抽样调查时，可按照当年估产或前几年的平均实产由低到高或由高到低的顺序进行抽样。这种按有关标志排队的等距抽样又称有序系统抽样，它能使标志值高低不同的单位，均有可能选入样本，从而提高样本的代表性，减小抽样误差。一般认为有序系统抽样比等比例分层抽样能使样本更均匀地分布在总体中，抽样误差也更小。

实践中，系统抽样存在两个问题：

①抽样误差得不到合理计算。目前，尚无适于计算系统抽样误差的公式，而仍按简单随机抽样的公式计算，往往使系统抽样的计算精度偏低。

②周期性的影响，可能使总体的估计值产生很大偏差，这时，系统抽样的精度要低于随机抽样。

尽管系统抽样存在以上问题，由于可以进行多种分析，并能结合地面调查材料（如森林分布图、地形图等）进行合理的抽样设计，以避免周期性影响，因此，系统抽样仍为森林抽样调查的常用方法。

二、系统抽样的工作步骤

1. 确定调查总体的境界，计算总体面积和抽样对象的面积　根据原有的图面材料，将调查总体的境界准确地勾绘在调查用图上（如地形图或森林分布图等）。为了提高工效，缩小蓄积量的变动，抽样设计时，首先将图上集中连片的非林业用地和无林地勾出，不予布点；然后计算总体面积及抽样对象的面积。

2. 确定样本单元数　样本单元数的计算方法同简单随机抽样。

3. 布点　系统抽样布点，就是将确定的样本单元数，布设在抽样总体内或布设在抽样对象的面积内。布点时要避免地形和林分特点所造成的周期性影响。布点一般是在地形图或森林分布图上进行。具体步骤是：

首先计算样地间距。样地在地面上的间距按下式计算

$$L = \sqrt{\frac{A \times 10\ 000}{n}}\ （米）$$

式中：L——样地间距（米）；

A——总体面积（公顷）；

n——样本单元数。

例如：已知总体面积为 6 300 公顷，样地总数为 275 个，则样地间距为

$$L = \sqrt{\frac{6\ 300 \times 10\ 000}{275}} \approx 480\ （米）$$

根据布点图的比例，将样地间距换算成布点图上的样点间距 l。

$$l = 100L \times \frac{1}{m}\ （厘米）$$

式中：$\frac{1}{m}$——布点图的比例尺。

例如：布点图的比例为 1：25 000，当样地间距为 480 米时，则图面上相应的样点间距为

$$l = 100L \times \frac{1}{m} = 100 \times 480 \times \frac{1}{25\ 000} = 1.92\ （厘米）$$

为工作方便，可根据预先确定的样点间距及布点图的比例尺，首先在透明纸上绘出方格网，网点就是样地的位置。再将布点的透明纸随机地复在布点图上，并使其中的一点，对准布点图上随机抽出的一个单元。然后，将落入总体内的网点刺在图上，即为样点位置。将总体内的样点按顺序（由西向东、由北向南）统一编号，即为样地号。

布点后，根据明显地物标，确定一个明显易找的样地作为起始样地，并在图上量出该明显地物标与起始样地的距离和形成的方位角。

利用 1：50 000 地形图进行大面积森林资源清查时，可用公里网交叉点作为样点位置。或者在随机起点之后，按一定间隔抽取公里网交叉点作为样点位置。如果机械抽取的公里网交点多于计算的样本单元数，则可随机舍弃多余的交点，如计算的样本单元数为 480 个，确定以偶数公里网交点作为样点位置，而总体内共有偶数公里网交点 574 个，这时，可通过查随机数字表的方法，随机扣除 94 个交点。

如果总体单元可以一一编号，则可根据预先确定的抽样比，按一定间隔抽取单元组成样本。

4. 样地定位　系统抽样的样地定位，根据具体情况不同，可采用以下方法：

（1）根据样点附近的明显地物标，用引点法进行样地定位，引点方法同简单随机抽样。

（2）样地间距较小时，可根据明显地物标，首先确定起始样地，以起始样地的位置为准，依次确定其他样地的位置。

（3）用基线法进行样地定位，根据总体内样地分布情况和地形特点，在总体内选一条或数条基线，使基线通过一系列样地。首先比较精确地进行基线定位和基线上的样地定位，然后再通过支线的测量确定其他样地位置。

采用基线法进行样地定位时，基线的方位误差不得超过 ± 1 度，距离误差不得大于 $1/200$；支线的方位误差不得超过 ± 2 度，距离误差不得大于 $1/100$；坡度大于 5 度时，距离进行坡度改算。

为了正确定向，罗盘仪要进行罗差校正和磁偏角校正。

5. 样地设置与调查（同简单随机抽样）

6. 内业计算　系统抽样的估计值和方差，按简单随机抽样公式计算。

三、系统抽样的应用

应用系统抽样进行森林调查已有很长的历史，至今仍被世界各国所普遍采用。系统抽样一般有三种形式：连续带状抽样、线上样地抽样和等距网点抽样。抽样调查应严格遵循的原则是：样本单元的抽取必须是随机的，但是，任何形式的系统抽样都不是这样。随机的原则只能用于系统抽样的起点，只有第一个样本单元是随机抽取的。在第一个样本单元被抽中以后，就决定了其他样本单元的位置。另外，无论是样带还是样点的排列方向往往不是随机确定，而是根据地形、森林分布等特点有意识确定的。因此，对系统抽样的评价至今还有分歧。但是，经验证明，在多数情况下，系统抽样能够提供有用的估计。

进行系统抽样设计时，应特别注意防止周期性的影响。森林的自然分布，常因地形、土壤或人为活动等因素而出现周期性的变动。例如，等带间隔采伐的伐区、走向比较一致的山脊和沟谷、明显的阴阳坡等都可能造成森林分布的明显差异。如果样点间距与小地形的周期变化刚好巧合，则系统抽样的样点可能集中落在同一地形部位上。这时，就会使样本产生偏差，导致蓄积量的估计值偏高或偏低，甚至可能破坏其估计区间，造成抽样调查工作的失败。

如图 5-1 所示，在总体内，森林分布呈周期性变化，山脊部分多为低矮疏林，山谷多为高大密林。如果布设的样点多数落在谷地（A 组样本），则蓄积量的估计值将偏高；反之，若多数样点落在山脊（B 组样本），则蓄积量的估计值肯定偏低。

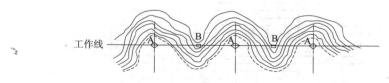

图 5-1　周期性对系统布点的影响

在等带间隔的伐区和经过抚育采伐的林分，也可能出现周期性影响，如图 5-2 是 22 条林带的平均蓄积分布图，每隔 5 条带出现一个偏小值。如果系统抽取的样带为 2、7、12、17、22 时，则蓄积量的估计值必然偏小。

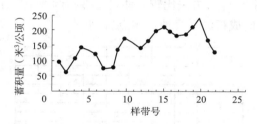

图 5-2　蓄积量分布的周期性

为防止周期性对系统抽样的影响，在制定抽样方案时，应注意以下几个问题：

1. 线状地物的走向　制定森林系统抽样方案时，要注意分析总体内河谷、道路等线状地物的走向，避免样点间距和工作线的方向与线状地物吻合。

2. 将总体内集中连片的非林业用地剔除，不予布点　其可以减小在非林地出现周期性的可能性，同时还可以缩小变动，提高估计精度。

3. 统计分析样本单元的分布特点　系统布点后，应首先统计落在不同地形部位上的样点数。例如：落在河谷、山脊、阴坡、阳坡等部位的样点数，检查有无周期性的变动。在大面积的森林资源清查中，应特别注意检查落在无林地和非林地的样地数。因为在这些地方出现周期性的变化，对估计蓄积量的影响最为严重。若发现有周期性影响，则应改变系统抽样的随机起点，或改变工作线方向，重新布点。

4. 采用两个方向成行的系统抽样或采用多个随机起点的系统抽样 按一个方向系统布点，有可能与线状地物巧合。如图 5-3 所示，在随机起点后，每六个单元抽取一个组成样本，显然，很多样点的排列恰与河流的流向巧合。此种设计必然导致该次系统抽样失败。

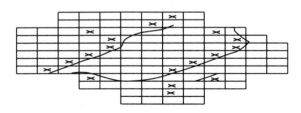

图 5-3　一个方向的系统布点产生的周期性影响

为防止这种现象出现，防止周期性的影响，可采用：

（1）两个方向成行的系统抽样。其使样本单元的抽取间隔在两个相互垂直的方向上同时起作用。这种方法比较方便，是森林调查中常用的方法。如图 5-4 所示，其是两个方向成行的系统抽样布点。

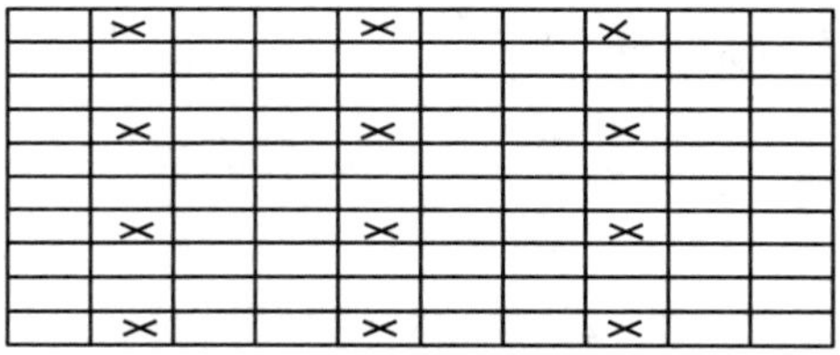

图 5-4　两个方向成行的系统抽样布点

（2）多个随机起点的系统抽样。

其工作步骤是：

①将预定的样本单元数分为 K 个组，使

$$n_1 = n_2 = \cdots = n_k = \frac{n}{k}$$

②用 nk 作为单独进行系统抽取的样本单元数，计算样点间距，即

$$L = \sqrt{\frac{A \times 10\,000}{n}}（米）$$

③抽出 k 个随机起点，分别配制 k 组系统样地，得到 k 个随机起点的系统样本。图 5-5 是按三个随机起点布设的三组系统样地。每组样本的抽样间隔 $k = 4$。

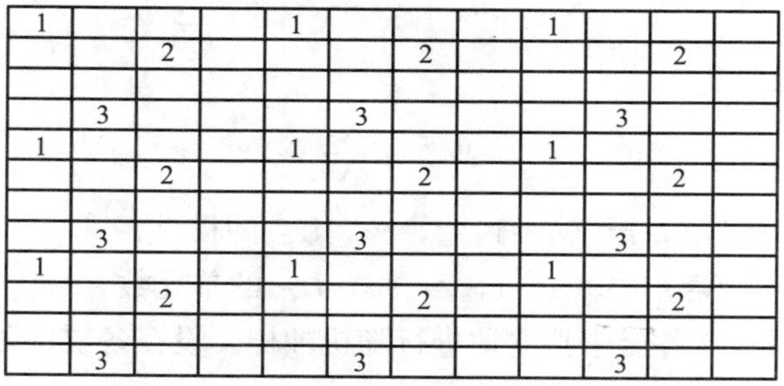

1			1			1		
	2			2			2	
	3			3			3	
1			1			1		
	2			2			2	
	3			3			3	
1			1			1		
	2			2			2	
	3			3			3	

图 5-5　多个随机起点的系统抽样示意

5. 采用系统抽样分层计算的方法　根据已有的森林分布图或航空相片进行分层。利用系统抽取的样本，按照分层抽样的方法估计总体。这种系统抽样分层估计的方法，可以减小周期性的影响，提高估计精度。其计算方法详见本章第四节分层抽样。

系统抽样能使样本单元较均匀地分布于总体中，便于设计，便于抽取样本。在无周期性影响的情况下，能取得较简单随机抽样更好的结果。因此，许多国家在森林调查、小面积的林分调查及小班调查中，经常采用系统抽样的方法。特别是在大面积的原始林区、通行及样地定位比较困难的林区，系统抽样更得到广泛应用。

第四节　分层抽样

一、森林分层抽样调查的概念

按照预先确定的因子（如树种、龄组、郁闭度或单位面积的蓄积量等），把总体划分成若干个类型，在每个类型内，随机等概率地抽取样本单元组成样本，用以估计总体的方法称为分层抽样。预定的因子称为分层因子，依据分层因子划分的类型称为层。属于同一层的森林，其特点更为相近，但在地域上不一定相连。总体分层后，各层构成了一个独立的抽样总体，故也将层称为副总体。

例如，某总体由 N 个单元组成，按照分层因子将 N 个单元分为 L 个层。各层包含的单元数分别为 N_1，N_2，$\cdots$，N_L。分层时，要求各层间没有任何重叠，也不允许遗漏任何一个单元。因此，有

$$N = N_1 + N_2 + \cdots + N_L = \sum_{h=1}^{L} N_h$$

各层的权重则为

$$W_h = \frac{N_h}{N}$$

式中：W_h——第 h 层（$h=1$，2，$\cdots$，L）的权重；

　　　N_h——第 h 层（$h=1$，2，$\cdots$，L）的单元数。

分层抽样要求在各层中独立地进行随机抽样。设在各层中随机抽取的单元数分别为 n_1，n_2，$\cdots$，n_L，则样本单元数为

$$n = n_1 + n_2 + \cdots + n_L = \sum_{h=1}^{L} n_h$$

在森林调查中，分层抽样是常用方法之一，与随机抽样相比，它有以下优点：

第一，能够提高抽样调查效率。在不增加成本的情况下，分层抽样可以减小抽样误差；或者在保证同等精度的情况下，可降低调查成本。在外层合理的条件下，当样本单元数相同时，分层抽样比不分层的精度高。

第二，它不仅可以得到总体的估计值和精度，还可以提供各层的面积，各层的估计值和精度。如果划分的层同经营单位相配合，可以提供经营单位的资料，并能得到森林资源分布图，为制定林业规划，组织森林经营提供依据。

分层抽样的这些优点，只有在分层合理的基础上才能体现出来，因此，确定合理的分层方案，是分层抽样调查成败的关键。

分层抽样法，也叫类型抽样法。就是将总体单位按其属性特征分成若干类型或层，然后在类型或层中随机抽取样本单位。分层抽样的特点是：由于通过划类分层，增大了各类型中单位间的共同性，容易抽出具有代表性的调查样本。该方法适用于总体情况复杂，各单位之间差异较大，单位较多的情况。

分层抽样的具体程序是：把总体各单位分成两个或两个以上的相互独立的完全的组（如男性和女性），从两个或两个以上的组中进行简单随机抽样，样本相互独立。总体各单位按主要标志加以分组，分组的标志与关心的总体特征相关。例如，正在进行有关啤酒品牌知名度方面的调查，初步判别，在啤酒方面男性的知识与女性的不同，那么性别应是划分层次的适当标准。如果不以这种方式进行分层抽样，分层抽样就得不到什么效果，花再多时间、精力和物资也是白费。

分层抽样与简单随机抽样相比，往往选择分层抽样，因为它有显著的潜在统计效果。也就是说，如果从相同的总体中抽取两个样本，一个是分层样本，另一个是简单随机抽样样本，那么相对来说，分层样本的误差更小些。另一方面，如果目标是获得一个确定的抽样误差水平，那么更小的分层样本将达到这一目标。

分层抽样又称分类抽样或类型抽样。将总体划分为若干个同质层，再在各层内随机抽样或机械抽样，分层抽样的特点是将科学分组法与抽样法结合在一起，分组减小了各抽样层变异性的影响，抽样保证了所抽取的样本具有足够的代表性。分层抽样根据在同质层内抽样方式不同，又可分为一般分层抽样和分层比例抽样，一般分层抽样是根据样品变异性大小来确定各层的样本容量，变异性大的层多抽样，变异性小的层少抽样，在事先并不知道样品变异性大小的情况下，通常多采用分层比例抽样。

二、分层方案的确定

制定分层方案时，应尽量使层间差别大些，使层内的变动小些。如果分层后达不到缩小层内变动、扩大层间变动的目的，这种分层就无意义。制定分层方案时，还要考虑森林经营的要求和森林结构的特点，使层的划分尽量同经营单位一致，以提供经营单位的数据。

各层样本数的确定方法有三种：

①分层定比。即各层样本数与该层总体数的比值相等。例如，样本大小 $n=50$，总体 $N=500$，则 $n/N=0.1$ 即为样本比例，每层均按这个比例确定该层样本数。

②奈曼法。即各层应抽样本数与该层总体数及其标准差的积成正比。

③非比例分配法。当某个层次包含的个案数在总体中所占比例太小时，为使该层的特征在样本中得到足够的反映，可人为地适当增加该层样本数在总体样本中的比例。但这样做会增加推论的复杂性。

在调查实践中，为提高分层样本的精确度实际上要付出一些代价。通常，现实正确的分层抽样一般有三个步骤：

首先，辨明突出的（重要的）人口统计特征和分类特征，这些特征与所研究的行为相关。

其次，确定在每个层次上总体的比例（如性别已被确定为一个显著的特征，总体中男性占多大比例，女性占多大比例）。利用这个比例，可计算出样本中每组（层）应调查的人数。

最后，调查者必须从每层中抽取独立简单随机样本。

分层方案的主要内容是确定分层因子及其级距。以查清蓄积量为主要目的时，应该以对蓄积量影响较大的因子作为分层因子。目前，我国常采用的是：在总体内，首先按地类分层，在有林地内，再按优势树种（或树种组）、龄组和郁闭度等因子分层。例如，在我国森林资源连续清查主要技术规定中，按优势树种不同，划分以下树种组：

①红松；

②冷杉；

③云杉、鱼鳞松、紫杉、铁杉、沙松、柏树；

④落叶松；

⑤樟子松、赤松、黑松、油松、华山松、油杉；

⑥马尾松；

⑦云南松、高山松、思茅松；

⑧杉木、水杉、柳杉；

⑨水曲柳、胡桃楸、黄菠萝；

⑩栎类、栲、楠、木荷、栗类、檫树、色木、柞、红桦、榆等硬阔树种；

⑪杨、桦、椴、柳、皑木、泡桐、桉、枫杨、木麻黄等软阔及速生树种；

⑫毛竹、斑竹等大径竹类；

⑬青皮竹、粉丹竹、水竹等小径竹类；

⑭优势树种不明显的林分，可划分针叶混交林、阔叶混交林、针阔混交林。

在同一树种组内，按林龄划分为幼龄林、中龄林和成熟林。按林分郁闭度分为疏（0.3以下）、中（0.4～0.6）、密（0.7以上）三级。

为方便起见，各层可用层代号表示。如表5-2所示，"落幼中"层即表示该层小班属于落叶松幼龄林，林分的郁闭度为0.4～0.6。

表 5-2　落叶松天然林的分层级距和层代号

郁闭度	疏	中	密
层代号	0.3以下	0.4～0.6	0.7以上
幼龄（40年以下）	落 幼 疏	落 幼 中	落 幼 密
中龄（41～100年）	落 中 疏	落 中 中	落 中 密
成熟（101年以上）	落 成 疏	落 成 中	落 成 密

关于龄组的划分标准，由于我国幅员辽阔，树种复杂，林分起源不同，因此划分标准也不一样。目前，我国主要树种的龄组划分标准见表5-3。

表 5-3　我国主要树种的龄组划分标准

树种	地区	起源	龄组划分（年）		
			幼龄林	中龄林	成龄林
红松、云杉	北部	天然	1~60	61~120	121 以上
	北部	人工	1~40	41~80	81 以上
	南部	天然	1~40	41~80	81 以上
落叶松、冷杉、樟子松	北部	天然	1~40	41~100	101 以上
	北部	人工	1~20	21~40	41 以上
	南部	天然	1~40	41~80	81 以上
云南松、华山松、马尾松、思芽松、油松	北部	天然	1~30	31~60	61 以上
	北部	人工	1~20	21~40	41 以上
	南部	天然	1~20	21~40	41 以上
	南部	人工	1~10	11~30	31 以上
杨、柳、桉、楝、泡桐、木麻黄、枫杨	北部	人工	1~10	11~20	21 以上
	南部	人工	1~5	6~15	16 以上
桦、榆、栲、檫、木荷、枫香	北部	天然	1~20	21~60	61 以上
	北部	人工	1~20	21~40	41 以上
	南部	天然	1~20	21~50	51 以上
	南部	人工	1~10	11~30	31 以上
栎、楮、樟、楠、椴、水曲柳、胡桃楸、黄菠萝		天然	1~40	41~80	81 以上
		人工	1~20	21~50	51 以上
杉木	南部	人工	1~10	11~20	21 以上

如果分层抽样调查的主要目的是估测总体蓄积量，则直接按单位面积平均蓄积量的多少分层，其效果较高。江苏、安徽、云南等省的经验证明，按小班目测每亩蓄积量大小分层，在保证同样精度的情况下，它比简单随机抽样可减少 40%~60% 的样地数。

按地类和树种、龄组、郁闭度等因子分层，不仅可得到总体估计值，同时还可以取得各层的数据资料。按平均蓄积量分层，虽效率较高，但必须预先知道小班的目测蓄积量或航空相片的小班判读蓄积。因此，应根据具体情况和以下原则确定分层方案：

①林业生产的要求；

②调查范围内，森林结构的特点；

③利用航空相片分层时，要考虑其判读的可能性；

④分层前，应收集足够的分层资料，充分利用以往的调查材料，如林相图、小班调查材料、森林分布图等。

三、分层小班的勾绘和各层面积权重的计算

根据确定的分层方案，对总体进行分层，在图面材料上勾绘各层轮廓。有航空相片时，可通过判读在相片上分层勾绘，无航空相片时，可根据森林分布图、林相图分层勾绘；如果没有适于分层的图面材料，则应到现地进行勾绘，并把现地勾绘的各层界线转绘到分层平面图上。按分层方案在平面图上所勾绘出来的各层轮廓，称为分层小班。反映各种地类和分层小班的形状、大小及其位置的平面团，称为分层布点的基本材料。

总体面积和各层面积，可用求积仪或网点法测定。各层面积之和应该等于总体面积（用总体面积控制）。

由于分层抽样调查是在认定各层面积和面积权重没有误差的条件下计算蓄积量精度的，所以，各层面积的勾绘和计算必须准确。否则，面积权重的偏差将使总体估计值产生很大偏差。一般情况下，若优势层的面积权重估错 10%，将导致分层抽样的失败。

四、样本单元数的计算和分配

在编制分层平面图和求得各层面积权重的基础上，根据总体估计值的允许误差和各层变动程度确定样本单元数。并将样本单元数分配到各层中去。可采用两种方法计算和分配样本单元数。

1. 面积比例分配法　这是森林分层抽样调查经常采用的一种方法。这种方法，就是按各层面积的比例计算和分配样地数。分配到各层中的样地数，与该层的面积成正比。面积大的层，分配的样地数多，反之，面积小的层，分配的样地数也少。

2. 最优分配法　按面积比例分配样地数量，只考虑到各层面积的权重，未考虑各层变动的大小。而最优分配则综合考虑了这两个因素，使各层分配的样地数与各层面积权重和层方差的乘积成正比。这种方法，在理论上效率最高，故称最优分配。各层的最优分配样地数用下式计算

$$n_h = n \times \frac{N_h S_H}{\sum N_h S_H}$$

或

$$n_h = n \times \frac{W_h S_h}{\sum W_h S_h}$$

采用最优分配法所需要的样地总数按下式计算：

重复抽样时，有

$$n = \frac{t^2 \sum (W_h S_h)^2}{E^2 (\sum W_h \bar{y}_h)^2}$$

不重复抽样且抽样比 $\frac{n}{N} > 0.05$ 时，有

$$n = \frac{t^2 \sum (N_h S_h)^2}{E^2 (\sum N_h \bar{y}_h)^2 + t^2 \sum N_h S_h^2}$$

五、布点

布点就是把计算的样地总数布设在总体内。在分层抽样中，布点方法与样地分配方法有关。按面积比例分配样地时，常采用以总体为单位系统布点的方法。一般在分层平面图上进行。布点的方法步骤同系统抽样。与系统抽样不同的是，分层抽样布点后，可能出现一些特殊情况，设置样地时，应作适当处理。例如：

（1）总体内面积较小的层，可能落不上样地，这时，应在该层内随机布设五个以上的样地。

（2）样地不允许出现跨层现象，如果样地跨层，则样地应移到同一层内；或改变样地形状，但样地面积不变。有下列几种情况：

①样点落在层内，样地边界跨至层外时，可将样点作为样地顶点，把样地移入层内。

②样点恰好落在层分界线上，以样点作为样地顶点，按预先统一规定的方向设置样地，如图 5-6 所示。

（3）样点落在狭长的小班内，样地跨层时，可改变样地形状，把样地移入层内，如图 5-7 所示。

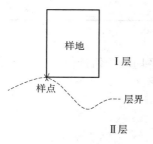

图 5-6　样地移位示意

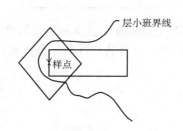

图 5-7　落在狭长小班的样地设置方法

（4）样地落在分层小班的林中空地上，仍按规定设置样地，样地蓄积按零计算。同时记载样地周围的林分状况，以便内业分析。

六、样地设置与调查（同系统抽样）

七、森林分层抽样调查的内业计算

1. 各层特征数的计算　根据各层样地材料，分别计算平均蓄积量、标准差、标准误。其计算公式同简单随机抽样（表5-4）。

表 5-4　实测试验区分层特征数计算

样地号	样地蓄积量 y_{hi}	y_{hi}^2	特征数计算
5	16.5	272.25	1. 平均蓄积量
39	14.0	196.00	$\overline{y}_b = \dfrac{1}{n_h} \sum\limits_{i=1}^{n_h} y_{hi}$
79	16.7	278.89	$= \dfrac{1}{11} \times 159.2 = 14.5$（米³/0.16公顷）
135	15.8	249.64	
169	13.3	176.89	2. 标准差
201	10.8	116.64	$S_h = \sqrt{\dfrac{\sum y_{hi}^2 - n_h y_b^2}{n_h - 1}}$
240	15.6	243.36	$= \sqrt{\dfrac{2\,370.46 - 11 \times (14.5)^2}{11 - 1}}$
243	10.1	102.01	$= 2.4$（米³/0.16公顷）
310	14.7	216.09	3. 标准误
345	18.7	349.69	$Sy_h = \dfrac{S_h}{\sqrt{n_h}} \sqrt{1 - \dfrac{n_h}{N_h}}$
150	13.0	169.00	$= \dfrac{2.58}{\sqrt{11}} \sqrt{1 - \dfrac{11}{112}}$
合计 $n_h = 11$	159.2	2 370.46	$= 0.74$（米³/0.16公顷）

2. 总体蓄积量估计值及其精度的计算

（1）总体平均数的估计值。分层抽样总体平均数的估计值为

$$\overline{y}_{st} = \frac{1}{N} \sum_{h=1}^{L} N_h \overline{y}_h$$

$$\overline{y}_{st} = \sum_{h=1}^{L} W_h \overline{y}_h$$

式中，$\overline{y}_{st}$ 为总体平均数的估计值，$\overline{y}_h$ 为第 h 层的样本平均数，它等于

$$\bar{y}_h = \frac{1}{n_h} \sum_{i=1}^{n_h} y_{hi}$$

式中：y_{hi}——第 h 层第 i 个样本单元的观测值；

　　　n_h——第 h 层的样本单元数；

　　　N——总体单元数；

　　　N_h——第 h 层的单元数；

　　　W_h——第 h 层的面积权重；

　　　L——总体划分的层数。

（2）总体平均数估计值的方差。

$$S_{\bar{y}_{ch}}^2 = \sum_{h=1}^{L} W_h{}^2 S\bar{y}_h{}^2$$

式中，$S\bar{y}_h{}^2$ 为第 h 层样本平均数的方差，其计算公式如下：

在重复抽样条件下

$$S\bar{y}_h{}^2 = \frac{S_h{}^2}{n_h}$$

在不重复抽样条件下

$$S\bar{y}_h{}^2 = \frac{S_h{}^2}{n_h} \left(1 - \frac{n_h}{N_h}\right)$$

式中，$S_h{}^2$ 是第 h 层的样本方差，等于

$$S_h{}^2 = \frac{1}{n_h - 1} \sum_{i=1}^{n_h} (y_{hi} - \bar{y}_h)^2$$

（3）标准误。

$$S_{\bar{y}_{st}} = \sqrt{\sum_{h=1}^{L} W_h{}^2 S\bar{y}_h{}^2}$$

（4）总体平均数估计值的误差限。

$$\Delta \bar{y}_{st} = t s \bar{y}_{st}$$

式中 t 值为可靠性指标，当各层的样本单元观测值 y_{hi} 都遵从正态分布，或各层的样本单元数（n_h）都充分大时（$n_h \geqslant 50$），根据标准正态分布概率积分表查得 t 值。

目前，在我国一些小范围的森林分层抽样调查中，各层抽取的样本单元数 n_h 一般都较少，而各层单元观测值 y_{hi} 的分布也未预先确定，这时，多采用下式计算估计值的误差限

$$\Delta \bar{y}_{st} = t_\alpha \bar{y}_{st}$$

式中 t_α 根据可靠性和自由度（$n-L$）由小样本 t 分布表查得。

（5）总体平均数的估计区间。总体平均数的估计区间为：$\bar{y}_{st} \pm t s \bar{y}_{st}$ 或 $\bar{y}_{st} \pm t_a s \bar{y}_{st}$。

（6）总体蓄积量的估计区间。

$$M = N \, (\bar{y}_{st} \pm t s \bar{y}_{st})$$

或

$$M = N \, (\bar{y}_{st} \pm t_a s \bar{y}_{st})$$

（7）总体蓄积量估计值的相对误差限

$$E = \frac{t s \bar{y}_{st}}{\bar{y}_{st}} \times 100\%$$

或

$$E = \frac{t_a s \bar{y}_{st}}{\bar{y}_{st}} \times 100\%$$

（8）蓄积量的估计精度为

$$P = 1 - E$$

八、森林分层抽样调查的应用

分层抽样是一种能提高效率的森林调查方法。特别是在二类调查中，它能满足森林规划的要求。采用森林分层抽样调查时，应注意以下问题：

1. 层的划分及各层面积权重务必准确　分层抽样总体平均数的估计值为

$$\bar{y}_{st} = \sum_{h=1}^{L} W_h \bar{y}_h$$

可以看出，只有各层的面积权重 W_h 和层平均数 $\bar{y}_h$ 反映层的真实情况，才能保证总体平均数估计值的精度。如果层面积权重有误差，必将导致总体估计值产生偏差，降低分层抽样的精度。一般情况下，如果优势层的面积权重产生 10% 的误差，分层抽样的精度将低于简单随机抽样。因此，在分层抽样中，层的划分和层面积权重的计算必须准确。若林分的分布零乱破碎，难以确切分层时，不宜采用分层抽样。

2. 在样本单元数既定的情况下，划分的层数不宜过多，层面积不宜过小否则，因落入各层的样地数量过少和 t 值过大，而使分层抽样的效果不如简单随机抽样。为了既能保证分层抽样的效果好，提高估计精度，又能把森林资源数据落实到地块和经营类型，以满足森林规划的要求，可以用层代表不同的地类和经营类型。为此，应恰当地确定分层因子和层数，并使各层的样地数不少于 5～10 块。

3. 分层时，应尽量缩小层内变动，以提高估计精度　分层抽样总体平均数估计值的标准误为

$$\sigma^2_{y_{st}} = \sum_{h=1}^{L} W_h^2 \sigma^2_{y_{st}} = \sum_{h=1}^{L} W_h^2 \frac{\sigma^2_h}{n_h}$$

可见，样本单元数一定时，层内方差 σ^2_h 愈小，标准误 $\sigma^2_{y_{st}}$ 也愈小，从而总体的估计精度愈高。

4. 分层时，应尽量扩大层间变动，使各层平均数有明显差异　各层平均数的差别愈大，分层抽样的效果愈好。这是由于分层抽样的总体方差可以分解为层内方差及层间离差平方和两部分。计算总体平均数估计值的精度时，层间离差平方和不起作用，而层平均数差异愈大，层间离差也愈大，因此，愈能提高分层抽样的精度。

5. 对各层的估计　上述的分层抽样方法，只保证总体的估计精度，如果对各层的估计也必须达到要求的精度和可靠性，应根据各层的变动和要求，分别确定样本单元数，并在各层中独立抽取样本。

6. 分层抽样可用于二类调查　采用分层抽样，必须遵守下列原则：

（1）各层面积权重必须确知。

（2）总体划分为 L 层后，各层的单元数必须确知，每个总体单元必定属于某一个层。各层单元无任何遗漏或重复。分层后，下列等式必须成立，即

$$\sum_{h=1}^{L} N_h = N$$

（3）样本单元的抽取，在各层内都是随机的，在各层间都是独立的。

（4）层的划分必须注意尽量缩小层内变动，扩大层间变动；层的划分应考虑森林经营的需要。

总体中赖以进行分层的变量为分层变量，理想的分层变量是调查中要加以测量的变量或与其高度相关的变量。分层的原则是增加层内的同质性和层间的异质性。分层随机抽样在实际抽样调查中广泛使用，在同样样本容量的情况下，它比纯随机抽样的精度高，此外管理方便，费用少，效度高。

分层抽样是将总体按照一定标志分成若干层，分别从各层中抽检一定数量样本，最后汇总推算所需的总体估计量的一种统计抽样技术。在变量抽样税务稽查中合理地运用分层抽样法，可以提高抽样的精确度，减少需要抽查的样本。在运用分层抽样法时，需要对总体进行重新组织整理，计算工作复杂。因此，只有当被查总体中大部分项目（的金额）分布均匀，少数项目属于高金额或低金额之类的异常项目时，运用分层抽样法才有意义。

运用分层抽样税务稽查方法时，各层样本抽查方法是相对独立的，可以是随机数表法，也可以是系统选样法。分层抽样法研究的重点，一是如何计算总的样本规模和如何将样本在各层进行分配；二是如何将各层检查结果汇总推算

总体估计量。

①样本规模的确定及在各层间的分配。在分层抽样法中，样本规模仍然按照总体计算，然后再把它分配到各层。分层抽样法中样本规模的确定，需要首先了解各层总体容量及其标准差。

②各层检查结果的汇总。决定了各层样本规模之后，税务稽查人员即可按照计划的抽样组织方式和税务稽查检查大纲开始实施抽样税务稽查。经过对选取样本的检查计算，可以得到各层平均值（或平均差错额）和实际样本标准差等项资料，在此基础上，税务稽查人员需要将它们汇总，形成对总体的点估计和区间估计。

分层抽样与多阶抽样的关系：

联系：多阶段抽样区别于分层抽样，其优点在于适用于抽样调查的面特别广，没有一个包括所有总体单位的抽样框，或总体范围太大，无法直接抽取样本等情况，可以相对节省调查费用。其主要缺点是抽样时较为麻烦，而且从样本对总体的估计比较复杂。

将总体分为若干个一阶单元，如果在每一个一阶单元中，都随机抽取部分二阶单元，由这些二阶单元中的总体基本单元组成的样本，在抽样的方式上，就相当于分层抽样；如果在全部的一阶单元中，只抽取了部分一阶单元，并对抽中的一阶单元中的所有的基本单元都做全面调查，这就是整群抽样。

因此，分层抽样实际是第一阶抽样比为 100％时的一种特殊的两阶抽样；而整群抽样实际上是第二阶抽样比为 100％时的一种特殊的两阶抽样，故也称单级整群抽样。

区别：第一，分层抽样是对总体中的每个一级样本群体进行全面入样，再对所有的样本进行抽查；而两阶抽样则把总体中所有的群体视为一阶单元，对这些一阶单元进行抽样，将抽出的样本再次进行抽样（两次都不是进行全面的调查），产生两级样本，最后综合估算出总的一级样本指标。

第二，整群抽样是对总体中抽取的每个样本群体所包含的基本单元进行全面调查；而两阶抽样则把总体中所有的群体视为一阶单元，对每一个被抽中的一阶单元所包含的二级单元（即基本单位），不是进行全面的调查，而是再进行一次抽样调查（也称抽子样本）。即两阶抽样，产生两级样本，最后综合估算出总的一级样本指标。至于在综合估算的方式方法上，两阶抽样与整群抽样也是极其相似的，只不过前者为就被抽一级单元的样本指标进行综合估算，后者为就被抽样群体单元的全体指标进行综合估算。

分层比例抽样是指按各个层的单位数量占调查总体单位数量的比例分配各层的样本数量的。在分层抽样中，采用分层比例抽样可以提高样本的代表性，以及对总体数量指标的估计值的确定，避免出现简单随机抽样中的集中于某些特性或遗漏掉某些特性。

第五节　两阶抽样

一、两阶抽样的概念

首先，将总体划分为 N 个单元，称为一阶单元，在每个一阶单元内，再划分成 M 个单元，称为二阶单元。从 N 个一阶单元中随机抽取 n 个单元，组成一阶样本，被抽中的一阶单元，称为一阶样本单元，再从每个一阶样本单元中随机抽取 m 个二阶单元，组成二阶样本。这种用两阶样本估计总体的方法，称为两阶抽样，如图 5-8 所示。因为一阶样本只是抽样单位，而不是测定单位，二阶样本是进行实测的单位，它是在被抽中的一阶单元这个副总体内抽取的，所以两阶抽样也称为副次抽样。

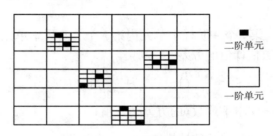

二阶单元

一阶单元

图 5-8　两阶抽样模式

两阶抽样的基本概念可用图 5-8 的典型图式说明。如图，总体被划分为 36 个一阶单元（$N=36$），其中第 8、17、21、34 号是被抽中的一阶样本单元。在每个一阶单元内，又分为 16 个二阶单元（$M=16$），从每个一阶样本单元中，再随机抽取两个二阶单元（$m=2$），组成二阶样本。所以，总体的二阶单元数为 $NM=36\times16=576$，二阶样本单元数为 $nm=4\times2=8$。

两阶抽样的二阶样本单元不是均匀地分布在整个总体内，而是相对地集中在 n 个一阶单元内。因此，外业调查比较方便，可以提高工效，降低成本。

两阶抽样方法分为两种：如果总体中的一阶单元大小相等，并且每个一阶单元中包含的二阶单元数相同，称为一阶单元大小相等的两阶抽样；如果总体中的一阶单元大小不等，每个一阶单元中包含的二阶单元数不同，称为一阶单元大小不等的两阶抽样。采用两阶抽样时，由于总体的结构不同，其组织样本和估计总体的方法也不同。

本节只介绍一阶单元大小相等的两阶抽样。

二、总体平均数的估计值及其方差

设总体由 NM 个二阶单元组成。从总体内随机抽取了 n 个一阶单元，又从每个一阶样本单元中抽取了 m 个二阶单元，因此在总体中共抽取了 nm 个二阶样本单元。通过实测，已得到二阶样本各单元的观测值 Y_{ij}。

1. 总体平均数的估计值，等于二阶样本的平均数

$$\bar{y} = \frac{1}{nm} \sum_{i=1}^{n} \sum_{j=1}^{m} y_{ij} = \frac{1}{n} \sum_{i=1}^{n} \bar{y}_j$$

式中：$\bar{y}$——二阶样本的平均数；

$\bar{y}_j$——第 i 个一阶样本单元内二阶样本单元的平均数。

$\bar{y}_j$ 计算公式为

$$\bar{y}_j = \frac{\sum_{j=1}^{m} y_{ij}}{m}$$

式中：y_{ij}——第 i 个一阶样本单元内第 j 个二阶样本单元的观测值。

2. 总体平均数估计值的方差

$$S_{\bar{y}}^2 = \frac{S_1^2}{n}(1-f_1) + \frac{S_2^2}{nm} f_1 (1-f_2)$$

式中：$S_{\bar{y}}^2$——样本平均数 $\bar{y}$ 的方差估计值；

$f_1 = \dfrac{n}{N}$——一阶单元的抽样比；

$f_2 = \dfrac{m}{M}$——二阶单元的抽样比。

$S_1^2 = \dfrac{1}{n-1} \sum_{i=1}^{n} (\bar{y}_i - \bar{\bar{y}})^2$，即一阶单元间的方差估计值，简称一阶方差。

$S_2^2 = \dfrac{1}{n(m-1)} \sum_{i=1}^{n} \sum_{j=1}^{m} (y_{ij} - \bar{\bar{y}}_i)^2$，即二阶单元间的方差估计值，简称二阶方差。

3. 总体平均数值的误差限

$$\Delta \bar{\bar{y}} = t S_{\bar{y}}$$

式中：$\Delta \bar{\bar{y}}$——绝对误差限；

$S_{\bar{y}}$——标准误；

t——可靠性指标。

如果二阶样本是大样本（$nm > 50$），根据可靠性要求，按大样本方法确定

t 值，如果二阶样本单元数较少，但总体在二阶单元上的分布近似正态，可用小样本方法，按自由度（$nm-1$）由 t 分布表查得 t 值，如果二阶样本单元数不多，分布又较偏，则应加大样本，使 $nm>50$。

三、两阶抽样调查的工作步骤

1. 确定调查总体的境界，计算总体面积　这一工作，一般是在地形图、航空相片平面图或林相图上进行。

2. 确定样本单元数

（1）二阶样本单元数的确定。按下式确定二阶样本单元数 m

$$m=\frac{S_2}{\sqrt{S_1^2-\dfrac{S_2^2}{M}}}\sqrt{\frac{D_1}{D_2}}$$

$$m=\frac{C_2}{\sqrt{C_1^2-\dfrac{C_2^2}{M}}}\sqrt{\frac{D_1}{D_2}}$$

式中：m——最优的二阶样本单元数；

S_1^2——一阶单元间的方差；

S_2^2——一阶内二阶单元间的方差；

C_1——一阶单元间的变动系数；

C_2——一阶内二阶单元间的变动系数；

D_1——观测每个一阶单元所需的成本；

D_2——观测每个二阶单元所需的成本。

（2）一阶样本单元数的确定。根据确定的二阶样本单元数 m，用下式计算一阶样本单元数 n

$$n=\frac{t^2\left(S_1^2-\dfrac{S_1^2}{m}+\dfrac{S_2^2}{m}\right)}{\Delta\bar{\bar{y}}^2+t^2\dfrac{S_1^2}{N}}$$

$$n=\frac{t^2\left(C_1^2-\dfrac{C_2^2}{M}+\dfrac{C_2^2}{m}\right)}{E^2+t^2\dfrac{C_1^2}{N}}$$

其中

$$\Delta\bar{\bar{y}}=tS_{\bar{\bar{y}}}$$

式中：$S_{\bar{\bar{y}}}$——标准误；

t——可靠性指标；

E——相对误差。

例如：根据预备调查的材料，预估总体一阶单元的变动系数 $C_1 = 60\%$，一阶内二阶单元的变动系数 $C_2 = 50\%$，一阶样本单元与二阶样本单元的调查成本之比值 $\dfrac{D_1}{D_2} = 25$，总体面积为 200 公顷，一阶单元面积为 3.12 公顷，二阶单元面积为 0.04 公顷，要求总体的估计精度为 80%，可靠性 95%，试确定一阶和二阶的样本单元数。

解　一阶单元数为

$$N = 200 \div 3.12 = 64$$

每个一阶单元内包含的二阶单元数为

$$M = 3.12 \div 0.04 = 78$$

二阶样本单元数为

$$m = \frac{C_2}{\sqrt{C_1^2 - \dfrac{C_2^2}{M}}} \sqrt{\frac{D_1}{D_2}} = \frac{0.5}{\sqrt{(0.6)^2 - \dfrac{(0.5)^2}{78}}} \sqrt{25} \approx 4$$

一阶样本单元数为

$$n = \frac{t^2 \left(C_1^2 - \dfrac{C_2^2}{M} + \dfrac{C_2^2}{m} \right)}{E^2 + t^2 \dfrac{C_1^2}{N}} = 29$$

3. 划分一阶单元　一阶单元的划分是两阶抽样效果好坏的关键。划分一阶单元的基本原则，就是尽量缩小一阶单元间的变动。

由于一阶单元的面积要求大小相等，同时一阶单元间的变动要最小。因此，把总体中全部一阶单元都实际地划分出来，在实践中是比较困难的。但是，在两阶抽样的实践中，并没有必要把总体中的全部一阶单元都划分出来。因为需要在地面上实际定位的，只是一阶样本单元中的二阶样本单元，其他未被抽出的单元，仅仅是理论的划分。因此，只把被抽中的一阶单元划出来即可。

下面以河北省围场县龙头山林场查字作业区两阶抽样为例，说明一阶单元的划分，以及样本单元的抽取和两阶抽样的内业计算工作。

以查字作业区作为两阶抽样的总体，总体面积为 636.3 公顷，其中最小的小班面积为 2.002 8 公顷，因此，以 2 公顷作为一阶单元的大小，所有大于 2 公顷的小班，均按 2 公顷大小折算成一阶单元数，如表 5-5 所示。

表 5-5　一阶单元的划分（部分内容）

支沟名称	小班号	小班面积（公顷）	一阶单元数	一阶单元序号
韭菜沟	3	3.2	2	1～2
	4	12.1	6	3～8
	⋮			⋮
大獾子洞	7	28.2	14	13～26
	⋮			⋮
合计	27	636.3	317	

总体面积为 636.3 公顷，理论上应划分为 318.15 个一阶单元，为便于抽样，各小班包含的一阶单元数均取为整数。因此，实际划分的一阶单元数为 317 个。

4. 抽取一阶样本单元　根据以往材料和经验，确定一阶样本单元数 $n=8$，二阶样本单元数 $m=4$。

在 317 个一阶单元中，用随机数字表抽取 8 个一阶单元（分别为 018、026、065、152、166、176、214、284）组成一阶样本。

5. 确定一阶样本单元的位置　首先在图面上（地形图或林相图等），确定一阶样本单元的位置；然后再到现地确定其地面位置；并从中设置二阶样本单元。例如，7 号小班共含有 14 个一阶单元，序号为 13～26 号，其中第 18 和 26 号被抽中为一阶样本单元。因此在本小班内只需在现地明确 18、26 号一阶单元的位置即可。一阶和二阶样本单元的现地定位方法，同随机抽样。

为了缩小一阶单元间的变动，应使每个一阶单元都能包括不同的坡位，所以可按垂直于等高线的方向划分一阶单元。各单元的长度和宽度因地制宜，但其面积应相等。

如 7 号小班，按此原则划分为 14 条带（序号为 13～26 号），每条带为一个一阶单元，如图 5-9 所示。

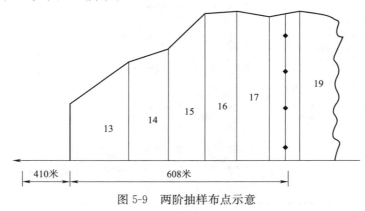

图 5-9　两阶抽样布点示意

6. 布设二阶样本单元 首先，在图面上布设二阶样本单元。其方法是：在一阶样本单元中，设置一条调查线，在调查线上系统地布设二阶样本单元，如本例已预先确定，一阶单元内抽取的二阶样本单元数为 4（$m=4$），二阶样本单元的面积为 0.04 公顷，因此，应在每个一阶样本单元中系统布设 4 个样地，图 5-9 第 18 号单元，其长度约为 250 米，则样地间距为 50 米。因此，第一个样地的中心位置应在样地对角线长度的一半（本例为 14.14 米）与 50 米之间随机确定。例如随机定为 22 米，然后依此为起点，每 50 米再设置其他样地。

7. 样地设置与调查 样地设置与调查的方法同系统抽样。

如上例，在 317 个一阶单元中，共抽取 8 个一阶单元，在每个一阶单元内，分别抽取 4 个样地（二阶样本单元），各样地的蓄积量测定值如表 5-6 所示。

表 5-6 两阶抽样计算

一阶单元	二阶单元	y_{ij}	y^2_{ij}	$\sum y_{ij}$	$(\sum y_{ij})^2$
	1	1.40	1.960 0		
018	2	1.55	2.402 5	7.54	56.851 6
	3	2.14	4.579 6		
	4	2.45	6.002 5		
	1	1.80	3.240 0		
026	2	1.75	3.062 5	7.09	50.268 1
	3	3.30	10.890 0		
	4	0.24	0.057 6		
	1	1.14	1.998 1		
065	2	1.23	1.512 9	7.50	56.250 0
	3	1.84	3.385 6		
	4	3.02	9.120 4		
	1	1.59	2.528 1		
152	2	1.62	2.624 4	7.61	57.912 1
	3	2.16	4.665 6		
	4	2.24	5.017 6		
	1	1.30	1.690 0		
166	2	1.86	3.459 6	8.95	80.102 5
	3	3.22	10.368 4		
	4	2.57	6.604 9		

（续）

一阶单元	二阶单元	y_{ij}	y^2_{ij}	$\sum y_{ij}$	$(\sum y_{ij})^2$
176	1	1.87	3.496 9	7.91	62.568 1
	2	2.28	5.198 4		
	3	2.31	5.336 1		
	4	1.45	2.102 5		
214	1	1.27	1.612 9	6.19	38.316 1
	2	1.37	1.876 9		
	3	1.50	2.250 0		
	4	2.05	4.202 5		
284	1	2.47	6.100 9	8.64	74.649 6
	2	1.52	2.310 4		
	3	2.89	8.352 1		
	4	1.76	3.097 6		
合计		61.43	131.097 5	61.43	476.649 6

8. 内业计算

样本平均数为

$$\bar{y} = \frac{1}{nm} \sum_{i=1}^{n} \sum_{j=1}^{m} y_{ij} = \frac{1}{32} \times 61.43 = 1.92 \text{（米}^3/0.04 \text{公顷）}$$

一阶方差为

$$S_1^2 = \frac{1}{n-1} \sum_{i=1}^{n} (\bar{y}_i - \bar{\bar{y}})^2 = \frac{1}{7} \left[\frac{1}{4^2} \times 476.918\ 1 - \frac{1}{8 \times 4^2} (61.43)^2 \right] = 0.046\ 5$$

二阶方差为

$$S_2^2 = \frac{1}{n(m-1)} \sum_{i=1}^{n} \sum_{j=1}^{m} (y_{ij} - \bar{\bar{y}}_i)^2 = \frac{1}{8 \times 3} \left(131.097\ 5 - \frac{1}{4} \times 476.918\ 1 \right) = 0.494\ 5$$

总体平均数估计值的方差为

$$S_{\bar{y}}^2 = \frac{S_1^2}{n} (1 - f_1) + \frac{S_2^2}{nm} f_1 (1 - f_2) = \frac{0.046\ 5}{8} \left(1 - \frac{8}{317} \right) + \frac{0.494\ 5}{32} \times$$

$$\frac{8}{317} \left(1 - \frac{4}{50} \right) = 0.006\ 1$$

标准误为

$$S_{\bar{y}} = \sqrt{0.006\ 1} = 0.078 \text{（米}^3/0.04 \text{公顷）}$$

总体平均数估计值的误差限为

$$\Delta \bar{y} = t S_{\bar{y}} = 2.04 \times 0.078 = 0.16 \text{（米}^3/0.04 \text{公顷）}$$

相对误差限为

$$E = \frac{tS_{\bar{\bar{y}}}}{\bar{\bar{y}}} \times 100\% = \frac{0.16}{1.92} \times 100\% = 8.3\%$$

总体平均蓄积量的估计区间为

$$\bar{\bar{y}} \pm ts_{\bar{\bar{y}}} = 1.92 \pm 0.16 \ (\text{米}^3/0.04 \ \text{公顷})$$

总体蓄积量的估计值为

$$M = \frac{1.92}{0.04} \times 636.3 = 30\ 542 \ (\text{米}^3)$$

总体蓄积量估计值的误差限为

$$\Delta_M = \frac{0.16}{0.04} \times 636.3 = 2\ 545 \ (\text{米}^3)$$

总体蓄积量的估计区间为

$$M = 30\ 542 \pm 2\ 545 \ (\text{米}^3)$$

总体蓄积量的估计精度为

$$P = 1 - E = 1 - 8.3\% = 91.7\%$$

四、两阶抽样的应用

两阶抽样的样本单元比较集中，便于进行外业调查。但是，在抽取同等数量的样本单元时，两阶抽样的精度一般要低于简单随机抽样。

两阶抽样平均数的方差公式为

$$S_{\bar{\bar{y}}}^2 = \frac{S_1^2}{n}\left(\frac{N-n}{N}\right) + \frac{S_2^2}{m} \times \frac{1}{N}\left(\frac{M-m}{M}\right)$$

可以看到，当总体一阶单元数（N）比较大时，则二阶方差对 $S_{\bar{\bar{y}}}^2$ 的影响很小。因此，两阶抽样的估计精度，主要取决于一阶方差的大小。一阶方差愈小，两阶抽样的精度愈高。要提高两阶抽样的估计精度，必须设法缩小一阶单元间的变动，通常采用 3 种办法缩小一阶方差：

（1）根据总体内森林分布的特点、林分间的差异和变化规律，合理地划分一阶单元，使每个一阶单元内部能尽量包括各种林分的不同情况，如不同的坡向、坡位、树种等；使每个一阶单元的内部比较复杂，而使一阶单元之间的差别不大。例如：阳坡栎类为主，阴坡山杨为主的山沟；或阳坡栎类为主，阴坡松类为主的山沟，以同一个山沟作为一阶单元较为合适；在同一坡面上，由于树种及林分的疏密度随上下部位不同而差异较大，因此，一阶单元应按垂直于等高线的方向划分，使一阶单元能包括整个坡面的不同坡位。

（2）尚未开展经营活动的原始林区，可适当加大一阶单元的面积，以减小各单元在地域上的差别，缩小一阶单元间的变动。

（3）采用分层两阶抽样，这是缩小一阶间变动，提高估计精度的有效方法。因为两阶抽样要求一阶单元间的差别愈小愈好，如果将总体适当分层，那么在同一层内林分之间的差别较小，分别在每个层内进行两阶抽样则可达到缩小一阶间变动、提高估计精度的目的。

两阶抽样可应用于大面积的森林资源清查，特别是在地形复杂、交通困难的林区，以及总体面积很大，而森林分布比较一致的林区（如大、小兴安岭地区），采用两阶抽样进行森林资源清查，其效果将会更好。

总体面积不大，林分呈块状分布，林分间的差异不明显（如华北地区的某些天然次生林），也宜采用两阶抽样。

两阶抽样与分层抽样相结合，组成分层两阶抽样，可用于二类调查。

采用两阶抽样时，必须具有适用的图面材料（如地形图、航空相片、林相图等），以便能确切地划分和确定一阶单元的大小和位置。以往的调查材料是合理划分一阶单元的重要依据，应予以充分利用。

第六节　回归估计

一、回归估计的概念

在森林调查中，许多因子之间常存在着一定的相关关系，用以反映这种关系的数学表达式，称为回归方程。回归估计的主要任务就是研究调查因子间是否存在相关关系，并确定其回归方程，利用回归方程，根据一个因子的观测值估计另一个因子的数值，并指明其估计精度。

在回归估计中，被估计的因子称为主要因子（依变量），用 y 表示，作为估计依据的因子称为辅助因子（自变量），用 x 表示。根据辅助因子与主要因子的关系建立回归方程，用以估计总体的方法称作回归估计。

回归估计的背景：在许多实际问题中常常涉及两个调查变量（指标）Y 和 X。对于包含 N 个抽样单元的总体除了对总体信息进行估计外，常常要估计总体比率 R。总体比率在形式上总是表现为两个变量总值或均值之比。

在涉及两个变量的抽样调查中，有两种情况需要应用比率估计量。一种情况是利用双变量样本对总体比率进行估计需应用比率估计量，此时两个变量均为调查变量。另一种情况是一个变量为调查变量，另一个变量表现为与调查变量有密切关系的辅助变量，在对调查变量总体总值、总体均值等目标量进行估计时，利用已知的辅助变量信息构造比率估计量可以提高估计的精度。

采用回归估计的主要目的在于，利用辅助因子提高主要因子的估计精度，在同样抽样强度的条件下，回归估计比简单随机抽样的精度高，并且主要因子与辅助因子的相关愈紧密，则回归估计的精度愈高。另外，在森林调查中，有的因子难以直接测定（如材积），或者其测定的工作量很大；有的因子则比较容易测定（如胸径）。如果已经确定它们之间的回归方程，就可以通过易测的因子（辅助因子）估计难以测定的因子（主要因子）。因此，回归估计可以提高工作效率。

二、回归估计的工作步骤

1. 确定辅助因子　应用回归估计进行森林调查，先要确定辅助因子。确定辅助因子的原则是：

（1）辅助因子（x）与主要因子（y）间有较紧密的线性关系。

（2）辅助因子要易于测定。

（3）辅助因子的总体平均数必须已知。

为了求得辅助因子的总体平均数，通常可采用高精度抽样的方法，即在总体中抽取的单元数必须足够大，至少应满足大样本的要求（$n \geqslant 50$），以保证辅助因子总体平均数的精度。

2. 确定样本单元数　为了配制主要因子与辅助因子间的回归方程，必须从总体中抽取一定数量的单元组成样本，取得各样本单元辅助因子和主要因子的成对观测值。样本单元数用下式确定：

$$n = \left(\frac{tC}{E}\right)^2 (1-r^2)$$

式中：n——需抽取的样本单元数；

$\quad t$——可靠性指标；

$\quad C$——蓄积量的变动系数；

$\quad E$——蓄积量的允许相对误差；

$\quad r$——主要因子与辅助因子的相关系数。

例如，已知蓄积量的变动系数为 35%，角规测定蓄积与实测蓄积的相关系数为 0.90，要求估计误差限为 10%，可靠性 95%，则所需抽取的样本单元数为

$$n = \left(\frac{tC}{E}\right)^2 (1-r^2) \approx 9$$

3. 布点　根据确定的样本单元数，在总体内系统布点。布点方法同系统抽样。

4. 样地定位和调查　样地定位方法同系统抽样。

以角规测定蓄积为辅助因子，样地实测蓄积为主要因子时，在每个样点上，必须同时测定角规蓄积和样地蓄积组成成对数值，如表 5-7 所示。

表 5-7　角规蓄积与样地蓄积成对数值

样地号	1	2	3	4	5	6	7	8	9	10
样地蓄积	5.582	6.294	4.896	6.489	8.593	4.219	6.453	6.802	12.390	7.982
角规蓄积	132.11	151.62	110.15	160.81	185.41	110.41	150.13	140.21	300.00	186.60

5. 建立辅助因子与主要因子的回归方程

（1）绘制散点图，确定方程类型。以横轴表示辅助因子（如角规蓄积），纵轴表示主要因子（如样地蓄积），根据各成对观测值（X_i，Y_i）绘制散点图。根据散点图上点的分布趋势判断主要因子与辅助因子间是否呈线性关系（图 5-10）。

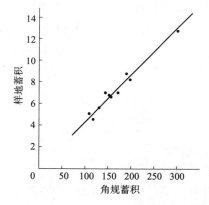

图 5-10　样地蓄积与角规蓄积回归关系散点

由图 5-10 可以看出，角规蓄积与样地蓄积间呈直线关系，故可用其成对数值配制回归直线方程。

（2）配制回归方程。已知直线方程为 $Y = A + BX$ 其中，A 为直线的截距，B 为直线的斜率。需要解决的问题是，如何确定一条最理想的直线，即这一直线能使对应所有散点的总误差最小。能使总误差最小的直线称为回归直线并用下式表示

$$\hat{y} = a + bx$$

a、b 统称为回归直线方程的参数。只要能求出参数 a、b，回归直线即可具体确定。

回归直线方程的参数 a、b，根据样本资料，用下式确定

$$a = \bar{y} - b\bar{x}$$

$$b = \frac{\sum\limits_{i=1}^{n} (y_i - \bar{y})(x_i - \bar{x})}{\sum\limits_{i=1}^{n} (x_j - \bar{x})^2}$$

式中：$\bar{y} = \dfrac{1}{n} \sum\limits_{i=1}^{n} y_i$ ——主要因子的样本平均数；

$\bar{x} = \dfrac{1}{n} \sum\limits_{i=1}^{n} x_i$ ——辅助因子的样本平均数；

n——样本单元数；

y_i——第 i 个样本单元主要因子的观测值；

x_i——第 i 个样本单元辅助因子的观测值。

6. 相关系数的计算　相关系数 r 说明了主要因子 y 和辅助因子 x 间线性关系的紧密程度。通常 $|r|$ 在 0.7 以上便认为相关关系紧密。这时配制的回归方程才有实际意义。

相关系数用下式计算

$$r = \frac{\sum\limits_{i=1}^{n} (x_i - \bar{x})(y_j - \bar{y})}{\sqrt{\sum\limits_{i=1}^{n} (x_j - \bar{x})^2 \times \sum (y_i - \bar{y})^2}}$$

7. 总体平均数的估计值及其误差限

(1) 总体平均数的回归估计值。由于回归直线的参数 a、b 已具体确定，所以将辅助因子的总体平均数代入回归方程，即得总体平均数的估计值，用下式表示

$$\hat{\bar{Y}} = a + b\bar{X}$$

或　　　　　　　　　　$$\hat{\bar{Y}} = \bar{y} + b(\bar{X} - \bar{x})$$

式中：$\bar{X}$——辅助因子的总体平均数；

$\hat{\bar{Y}}$——主要因子总体平均数的回归估计值。

(2) 回归标准差。

$$S_{yx} = \sqrt{\frac{\sum\limits_{i=1}^{n} (y_i - \bar{y})^2 - b^2 \sum\limits_{i=1}^{n} (x_i - \bar{x})^2}{n = 2}}$$

（3）回归标准误。

$$S\hat{\overline{Y}} = S_{yx} \sqrt{\frac{1}{n} + \frac{(\overline{X} - \overline{x})^2}{\sum\limits_{i=1}^{n} (x_i - \overline{x})^2}}$$

（4）总体平均数估计值的误差限。

绝对误差限为

$$\Delta \hat{\overline{Y}} = t s \hat{\overline{Y}}$$

式中 t 值，大样本时由标准正态分布概率积分表查得，小样本时，按自由度 $n-2$，由 t 分布表查得。

相对误差限为

$$E = \frac{\overline{ts\hat{Y}}}{\hat{\overline{y}}}$$

估计精度为

$$P = 1 - E$$

（5）总体平均数的估计区间。总体平均数的估计区间为 $\hat{\overline{Y}} \pm t s \hat{\overline{Y}}$。

8. 总体个别单元主要因子的回归估计值　回归直线方程具体确定后，代入个别单元辅助因子的观测值（x_i），即可求得相应的主要因子的估计值（y_i），用下式表示

$$\hat{y_i} = a + b x_i A$$

三、回归估计的应用

回归估计可以提高抽样精度和工作效率，并可将蓄积量落实到小班，因此能够用于二类调查，回归估计的方差与简单随机抽样方差之间存在如下关系

$$S_{yx}^2 = S_y^2 - r^2 S_y^2$$

式中：r——主要调查因子 y 与辅助因子 x 的相关系数；

S_{yx}^2——回归方差；

S_y^2——简单随机抽样的方差。

可以看出，由于回归估计的方差小于简单随机抽样的方差，所以，回归估计的精度比简单随机抽样的精度高。只有当 $r=0$ 时，即主要因子与辅助因子不存在相关关系时，回归方差才等于简单随机抽样的方差；只要 $r \neq 0$，即只要主要因子与辅助因子存在一定程度的相关关系，则回归方差就小于简单随机抽样的方差；并且 y 与 x 相关愈紧密，回归估计的精度愈高。因此，在确定辅

助因子时，必须考虑它与主要因子间有较紧密的相关关系，同时还要易于测定。

应用回归估计时，对所研究的总体要求满足以下条件：

（1）总体在自变量（辅助因子）各给定值上的因变量（主要因子）的概率分布是正态分布而且这些正态分布的方差相等。

（2）主要因子与辅助因于之间存在着线性关系。

（3）辅助因子的总体平均数必须已知。

采用回归估计时，应注意分析这些条件，如果所研究的总体与要求条件有明显差异时，不宜采用回归估计。

有大、中比例尺航空相片时，应充分发挥航空相片的判读性能，一般以判读蓄积量作为辅助因子，以地面实测蓄积量作为主要因子，利用回归估计的方法，求得蓄积量的估计值，并可将蓄积量落实到小班。这样可以极大地减少外业工作量，提高调查效率。但是回归估计只能保证总体估计值的要求精度，小班回归估计值的精度较低，特别是平均蓄积量较低的小班，其估计精度更低。

◆ **参考文献**

高宏，2018. 森林资源抽样调查技术方法［J］. 林业勘察设计（4）.

刘长生，2015. 分析森林资源抽样调查技术的运用［J］. 民营科技（3）.

吕继成，2018. 森林资源抽样调查分析［J］. 南方农业（20）.

杨杰，罗庆，2015. 几种常用的森林资源调查方法的精度分析［J］. 农业与技术.

◆ **思考题**

（1）名词解释：

必然事件、随机事件、简单随机抽样、系统抽样（机械抽样）、分层抽样。

（2）简答题：

①简单随机抽样的步骤包括什么？

②分层抽样步骤包括什么？

③系统抽样（机械抽样）步骤包括什么？

第六章 连续森林资源清查

第一节 连续森林资源清查的概念

我国森林资源监测体系采用固定样地为基础的连续抽样方法，以省（自治区、直辖市）为抽样控制总体，每5年进行复查，全面客观反映全国森林资源现状和消长情况。随着我国林业现代化的发展，连续森林资源清查逐步从单一的林分蓄积调查向多因子综合性调查发展，从静态的现状描述向动态预测过渡。在此背景下，连续森林资源清查的概念由我国森林生态效益监测与评估首席科学家王兵提出，它是森林生态系统服务全指标体系连续观测与定期清查的体系。连续森林资源清查依托国家森林生态系统定位研究网络，采用野外长期定位观测技术和分布式计算方法，是固定间隔内对同一总体的森林生态系统进行全指标观测与综合评价的技术体系，用以评价森林生态系统的现状，分析间隔期内森林生态系统的动态变化。

现代连续森林资源清查体系的雏形起源于1878年的"检查法"，即通过复测数据对比和分析对林木的生长作出估计。美国、德国、日本、奥地利先后于20世纪开展了全国性森林资源清查。

20世纪70年代前，大多数国家的森林资源清查体系主要以森林面积与蓄积为重点。随着生态环境问题的日益突出，20世纪80年代以来，森林资源清查重点开始向森林资源与生态状况综合监测方向发展。1998年美国已建成森林资源清查与分析体系和森林健康监测体系，形成拥有统一标准和定义、统一核心监测指标的森林资源调查与监测体系。德国1984年在森林资源清查固定样地上增加了森林健康调查内容。早在一百多年前，欧洲就出现了连续森林资源清查的方法。1878年瑞士试行了"检查法"的森林经营工作。"检查法"森林经营，就是在一个经营期结束后，通过全林检尺的方法检查经营效果。这就是连续森林资源清查的起源。20世纪初，全林检尺方法被抽样调查代替，开始把抽样方法应用于固定样地的研究。1936年法国设置了大量固定样地，1937年和1938年，美国建立了几百个固定样地。1947年开始，关于利用固定样地进行连续森林资源清查以及这种抽样设计统计学特点的文章陆续发表。

20世纪60年代后，逐步发展成了固定样地与临时样地相配合的连续森林资源清查体系。1973年以来，我国广泛采用抽样调查方法进行了全国森林资源清查工作，并开始逐步建立连续森林资源清查体系。综上，在世界范围内，各国森林资源清查体系普遍经历了木材资源调查、森林多资源调查和森林环境监测3个阶段，从侧重木材资源向重视生态环境转变。作为较早开展连续森林资源清查的国家，我国也经历了从调查森林面积与蓄积为重点向森林多资源调查的转变。"掌握森林生态系统的现状及变化趋势，对森林资源与生态状况进行综合评价"作为连续清查的重要任务被列入2004年颁布的《国家连续森林资源清查技术规定》中，并增加了林层结构、群落结构、树种结构、植被覆盖度、自然度等反映森林生态状况的因子。但与林业先进国家相比，我国仍缺少反映森林生态状况的监测体系。

随着林业生产的发展和森林经营水平的提高，要求定期检查森林经营活动的效果、预估森林的发展趋向、实现森林的永续利用，为此不仅需要掌握森林资源的现况，还必须掌握一定期间内森林资源的变化，分析森林资源的动态。我国的森林资源调查体系包括连续森林资源清查、森林资源规划设计调查、作业设计调查3类。其中连续森林资源清查体系是以掌握宏观森林资源现状与动态为目的，利用固定样地为主，采用系统抽样方式，进行定期复查（间隔期5年）的森林资源调查方法，是森林资源与生态状况综合监测体系的重要组成部分。

连续森林资源清查的任务包括：制定技术方案和实施细则、设置样地并进行调查、建立和更新资源数据库、对森林资源进行统计、分析和评价、提供全国及各省（市、自治区）森林资源清查成果。

连续森林资源清查的作用主要包括三方面。可以提高资源动态的估计精度。资源动态的重要标志是森林资源的净增长量。它是复查与初查资料数值之差，由于连续森林资源清查是利用初查与复查两次调查中量测同一固定样地上蓄积量之差，取得生长量，因此，可以避免在两次独立抽样中，一次偏大，一次偏小，向两个不同方向偏倚的抽样误差，使生长量估计精度提高；可以提高估计复查蓄积量的精度。连续森林资源清查可以根据初查与复查蓄积量的回归关系用两重样本估计复查蓄积量，可以充分揭示森林生长的规律。由于在固定样地上定期复查，可揭示生长过程、树种演替和更新情况等。森林资源的动态变化，对分析以往经营活动，预估将来森林发展趋势等方面是重要的依据。连续森林资源清查可以检查过去的经营效果，编制和修订未来的经营方案。

连续森林资源清查是为经营服务而又有较长远观点的一种森林调查体系。

其方法就是：在调查范围内，系统设置一定数量的固定样地，这些样地与其周围林分有相同的经营措施，对样地内的林木精确地、重复地进行测定，在此基础上，对森林资源进行分析比较，并对森林资源的现况和动态作出估计。这种调查方法要求对固定样地重复进行测定，得到同一样地在两个相邻时期的成对观测值。根据这些成对数值不仅可以直接计算固定样地的资源变化值，同时，还可以把初查时的样地观测值作为辅助因子（x），以复查时的样地观测值作为主要因子（y），配制回归方程，通过回归方程估计总体，因此，连续森林清查，实质上就是把回归估计的方法用于连续抽样，这样可以提高森林资源的估计精度，降低复查成本。

连续森林资源清查的方法，一般分为两种：一种是全部固定样地的连续森林清查，即初查和复查的样本单元利用同一套固定样地，取得同一固定样地在两个不同时期的成对观测值，据此估计总体的方法；另一种是固定样地与临时样地相配合的连续森林清查，它又分为复查时配合临时样地的连续森林清查和初查、复查均配合临时样地的连续森林清查。

连续森林资源清查的主要内容是，对森林蓄积量的现况和蓄积量的变化进行估计。但是它同样可以用于林木株数、各种生长量、枯损量、采伐量等因子的估计。因此，采用通用的符号表示连续森林资源清查的计算公式。初查时称为"A 时期"，初查的样本单元数为 n_A，初查时样本单元的标志值为 x；复查时称为"B 时期"，复查的样本单元数为 n_B，复查时样本单元的标志值为 y。x 与 y 是在 A、B 两个不同时期调查的同一标志的数值。假如，A 时期的样地在 B 时期全部进行重复测定，则 $n_A = n_B$，但是，这种方法通常是不必要的。为建立 x 与 y 之间的回归关系，在 A、B 两个时期，只需重复测定 n_A 和 n_B 中的一部分样地，并把这种样地称为固定样地，用 n_P 表示固定样地数。在 A、B 两个时期中只进行一次测定的样地称为临时样地，A、B 两个时期的临时样地数分别用 n_A 和 n_B 表示。因此有

$$n_A = n_P + n_{At}$$
$$n_B = n_P + n_{Bt}$$

初查时的样本平均数 $\bar{x}$ 是总体平均数 μ_x 的估计值，n_P 个固定样地的平均数 $\bar{x}_p$ 和 n_A 个临时样地的平均数 $\bar{x}_t$ 也是总体平均数 μ_x 的估计值，初查时总体标准差 σ_x 的估计值，可分别用样本标准差 S_x、S_{xp}、S_{xt} 表示，同样，复查时的样本平均数 $\bar{y}$、$\bar{y}_p$、$\bar{y}_t$ 是总体平均数 μ_y 的估计值，用样本标准差 S_y、S_{yp}、S_{yt} 作为总体标准差 σ_y 的估计值。

第二节　连续森林资源清查的一般步骤

一、准备图面材料，计算抽样总体的面积

省、县级的连续森林资源清查，一般采用1∶50 000地形图作为布点和调查用的基本图面材料。有航空相片的地区，还应收集航空相片资料。

二、确定样本单元数

连续森林资源清查总样地数和固定样地数的确定方法取决于清查的目的和采用的调查方案。

1. 以查清森林资源现况为主要目的时，样本单元数的确定

（1）总样地数的确定。按简单随机抽样样本单元数的计算公式确定连续森林清查的总样地数，即

$$n_A = \left(\frac{tc}{E_x}\right)^2$$

式中：n_A——初查时的总样地数；

c——初查时蓄积量的变动系数；

E——初查蓄积量的允许误差（相对误差）。

（2）固定样地数的确定。在总样地数中，固定样地占多少，这是方案设计中的一个重要问题。固定样地数与总样地的比值取决于初查和复查蓄积量之间的相关系数 γ，一般地说，为了查清资源现况，初查时，固定样地数占总样地数的三分之一较为合适。也可通过计算固定样地数与总样地数最优比值的方法确定固定样地数量。

2. 以查清森林资源动态为主时，样地数量的确定　当采用全部固定样地方法查清资源动态时，样地数量取决于森林资源净增量的变动系数和对资源净增量估计值的精度要求。其计算公式为

$$n_p = \left(\frac{tc_A}{E_a}\right)^2$$

式中：n_p——查清森林资源净增量所需要的固定样地；

c_A——森林资源净增量的变动系数；

E_a——森林资源净增量估计值的允许误差；

T——可靠性指标。

3. 同时要求查清森林资源现况和动态时，样地数量的确定

（1）总样地数。根据初查蓄积量的变动系数和对资源现况估计的精度要

求，按简单随机抽样公式确定初查时的总样地数。

$$n_A = \left(\frac{tc_x}{E_x}\right)^2$$

（2）固定样地数。根据森林蓄积净增量的变动系数和对净增量估计值的精度要求，确定固定样地数，即

$$n_A = \left(\frac{tc_A}{E_A}\right)^2$$

（3）临时样地数。初查时的临时样地数

$$n_{At} = n_A - n_P$$

三、布点

连续森林资源清查多采用在总体内系统布点的方法。这种方法便于样地定位，有利于样地的逐级加密。在大面积的连续森林清查中，一般在 1：50 000 地形图上，利用公里网的交叉点布设固定样地。总体内的固定样地要统一编号。在固定样地控制下，采用系统加密的方法布设临时样地，布点时，要严格防止样地出现周期性的变化。

四、样地定位和设置

样地定位一般采用引点法。样地形状一般为方形，样地面积为 0.06～0.10 公顷。

样地边界的测定，一般采用对角线法或闭合导线法。

固定样地是长期连续观测的单位，其设置如有偏差，将会使连续森林资源清查作出错误估计，造成连续清查的失败。因此，设置和复查固定样地时，应防止出现偏差。

固定样地必须严格定位，样地中心和四个角顶应埋设永久性标记，并绘制固定样地位置图，使样地与附近的明显地物标连接，以便复查。

五、样地调查

样地资料是估计总体资源现况及其动态的依据，因此样地资料必须准确，为保证连续清查中各项测定数据有共同基础，各次测定使用的工具、数表、调查方法和要求等，均需有统一规定。在两次测定中，避免发生观测值一次偏大，一次偏小，向两个不同方向偏倚的误差。

样地调查内容和要求，依样地调查目的而不同，一般包括以下项目：

1. 每木检尺　固定样地内，凡达到检尺标准的林木（起测胸径 5.0 厘米）

均应逐株编号，并于胸高检尺处做标记，用围尺测定胸径或用轮尺在东西、南北两个方向上测定胸径，精确至 0.1 厘米。

固定样地复查时，应携带样地初查记录，现场核对株数分布和进界株数。记载初查和复查的间隔期内枯损木、风倒木和砍伐木等因子，并翻新样地的各种标记，以便再次复查。初查时不足检尺起始径阶（胸径小于 5.0 厘米），复查时进入检尺径阶的林木株数称为进界株数，这些林木的材积称为进界生长量。

2. 树高的测定

3. 生长量的测定

4. 林龄的测定

5. 郁闭度的测定

6. 立地条件调查

7. 绘制样地内检尺林木的平面位置图

六、样地调查材料的整理和计算

在检查外业材料的基础上，计算样地蓄积量、初查蓄积量 V、复查蓄积量 V_B、间隔期内枯损木（枯死木、风倒木等）材积、砍伐木材积、进界生长量等。为分析资源动态，每个固定样地还要计算下列生长因子：

1. 粗生长量（T）　初查时检尺的林木在间隔期内的总生长量为

$$T = V_B + V_枯 + V_伐 - V_进 - V_A$$

式中：V_B——复查时（B 时期）的样地蓄积量；

V_A——初查时（A 时期）的样地蓄积量；

$V_枯$——初查与复查的间隔期内，枯损木的材积；

$V_伐$——初查与复查的间隔期内砍伐木的材积；

$V_进$——进界生长量。

2. 总生长量（T_i）　包括进界生长量在内的林木总生长量为

$$T_i = T + V_进 = V_B + V_枯 + V_伐 - V_A$$

3. 净生长量（Z）　净生长量为样地林木总生长量减去枯损量，即

$$Z = T_i - V_枯 = V_B + V_伐 - V_A$$

显然，如果净生长量为负值，则说明在间隔期内，枯损量大于林木的总生长量。

4. 净增量（Δ）　净增量为样地复查蓄积量与初查蓄积量之差，即

$$\Delta = V_B - V_A$$

净增量反映了在间隔期内样地森林资源的变化情况，是分析资源动态的重要标志，在间隔期内，若林木枯损较多，或进行过强度择伐，则净增量出现负值。

对以上各项生长因子，首先分别进行样地计算，然后对总体作出估计。

第三节　连续森林资源清查的应用

现阶段的森林经营管理中，连续清查技术在森林资源清查工作中得到了十分广泛的应用，不但清查效率高，而且所得数据真实可靠，给森林资源的管理注入了新的活力。连续森林资源清查的具体方案不同，其适用条件和要求也不一样。

一、全部固定样地的连续森林资源清查

清查多在下列情况下采用这种方法：森林经营水平较高，经营措施较多，并要求评定、分析经营措施的效果；对资源动态的估计精度要求较高；在相关系数较紧密的原始林中，测定枯损量和生长量。

在经营水平较高的林区，必须查清生长量和枯损量时，应建立固定样地连续清查体系。但是固定样地的设置比较费工，测定工作量比临时样地大，因此，在样地数量相同的情况下，固定样地的估计精度即使高于临时样地，也并不能说明固定样地更有效一些。采用固定样地是否合算，是设计固定样地方案时应予考虑的问题。为了比较固定样地与临时样地估计资源动态的效果，可进行相对效率的分析。

采用全部固定样地连续森林清查时，应注意以下几点：

1. 初查与复查成对数值（x 与 y）间的相关系数必须为正值　否则，资源动态的估计精度将低于临时样地。因为，采用固定样地估计资源净增量时，平均净增量估计值的方差为

$$S_{\bar{\Delta}}^2 = \frac{S_{yp}^2 + S_{xp}^2 - 2rS_{xp}S_{yp}}{n_p}$$

采用独立的临时样地估计净增量时，平均净增量估计值的方差为

$$S_{\bar{\Delta}}^2 = \frac{S_y^2 + S_x^2}{n_t}$$

由此可见，若 $n_p = n_t$，当采用固定样地清查资源净增量时，与临时样地相比，估计精度提高的部分为 $\dfrac{2rS_{xp}S_{yp}}{n_p}$。$r$ 值为正时，r 值愈大，固定样地的作

用愈好。如果 r 一旦为负值，则固定样地反而起了降低精度的作用。但是，发生这种情况的可能性极小。如果林区面积不大，在间隔期内，大部分面积上又进行过强度择伐，可能会出现 r 值为负值的情况。

2. 复查固定样地时，应注意样地内的经营活动与其周围林分是否相同若发现有偏差，应随时分析原因并记载清楚，以便分析。

二、复查时配合临时样地的连续森林资源清查

随着森林经营水平的提高，固定样地数量将不断增多。这种方法有利于不断地加密固定样地，便于在上一级固定样地体系中，加密和配置本级的固定样地体系。例如，在省级固定样地基础上，通过加密固定样地，建立县级的或国有林业局一级的连续森林清查体系。同时，由于这种方法加大了样本，所以可提高复查时估计值的精度。林区初查后，如果森林资源的变动程度加大，复查时则应配合临时样地，以保证资源清查的精度。

三、初查和复查均配合临时样地的连续森林资源清查

这种方法是用四套样本进行联合估计，可以得到复查蓄积量的最优估计值，提高复查蓄积量的估计精度。而且初查与复查数值间的相关愈紧密，估计精度提高愈明显。在估计资源动态时，起主要作用的是固定样地，若临时样地数少于或等于固定样地，临时样地的作用不大。当同时要求查清森林资源的现况和动态时，一般采用这种方法。

◆ 参考文献

李轶涛，2016. 山西省森林生态连续清查体系建设思考 [J]. 山西林业 (1)：32-33.
熊晓斐，蔡会德，2014. 基于连续森林资源清查体系的碳储量估算研究进展 [J]. 广西林业科学，43 (1)：90-93.

◆ 思考题

(1) 简述连续森林资源清查的一般步骤。

(2) 采用全部固定样地连续森林清查的注意事项是什么？

第七章　编制林业局（场）的规划

林业局（场）在生产经营上的主要任务是：保护森林、发展森林和合理利用森林。林业局（场）的经营水平，主要应从森林生长量、单位面积森林的木材年产量及森林资源利用量三方面去衡量。为了达到以上要求，实现越采越多，青山常在，永续利用，必须在充分调查研究的基础上。编制林业局（场）规划，以便科学合理地安排生产建设。

第一节　林业局（场）规划的原则与要求

林业局（场）规划必须：

（1）认真贯彻以营林为基础的方针。以实现越采越多，青山常在，可持续利用为目标，以合理采伐、采育结合、综合利用、多种经营等为主要内容，进行规划安排。同时要求在规划措施方面，要立足于"自力更生"，在现有的技术基础上，开展技术革新和技术革命，适当引进先进技术设备，实现林业现代化。

（2）处理好当前和长远的关系。必须充分研究需要与可能、局部与整体、重点与一般、数量与质量、采伐与营林、生产与生活等方面的关系。做到全面规划，突出重点，统筹兼顾，妥善安排。

（3）必须坚持群众路线和调查研究工作，收集有关技术经济资料，并进行研究分析，为规划提供可靠基础。

第二节　规划的项目和依据

随着社会主义建设的不断发展，对规划工作也必然提出新的内容和要求。仅将多年来制订规划情况，归纳如下：

一、编制林业生产规划的依据、要求和内容及注意事项

林业生产规划是实现林业发展目标具体途径和具体措施的反映，是林业开

发、生产和建设的蓝本。

（1）编制依据。编制依据包括国民经济发展对林业的要求、林业部门的具体情况、规划期间林业的发展趋势、国内外林业生产的先进水平和发展趋势。

（2）编制要求。规划区域范围应按林业区划的要求确定，一般以流域、林区或以行政区境界为规划范围。

（3）编制内容。规划的内容包括：目的、方向、生产发展规模、水平、速度、布局、所采用的新技术、技术经济指标等。

（4）编制林业生产规划的注意事项。规划期一般分为前期、后期。规划期要以营林为基础，营林应注意树种配置。发挥森林多种效应，更新森林，保护自然生态平衡。

规划的重点是：营林（荒山造林、迹地更新、抚育等）、木材生产（采育结合、永续利用现有森林）、林产品加工、综合利用（提高森林资源的木材利用率）、多种经营、机械维修、农副业生产、科研、基建及规划期所需要的职工和总投资等。

二、森林区划系统及目的和意义

目前，在我国林区中，森林经营区划系统如下：

①国有林业局区划系统为：林业局—林场—林班—小班。较大的林场，在林场与林班之间可增划营林区或作业区。

②国有林场区划系统为：总场（林场）—分场（营林区或作业区）—林班—小班。

③集体林区区划系统为：县—乡—村—林班—小班。

国外森林经营区划系统如下：

①美国分林场、施业区、林班、小班、细班。

②日本在营林署下分施（事）业区、林班、小班。

③印度在各邦以下有林管区（林业局）、施业区、林班、小班。

森林区划又称为林地区划，主要目的有：便于调查、统计和分析森林资源的数量和质量；便于组织各种经营单位；便于长期的森林经营利用活动，总结经验，提高森林经营水平；便于进行各种技术、经济核算工作。

三、林场的区划和布局

（1）区划原则：全面经营森林、以场定居，以场轮伐、永续原则。

（2）范围：应便于开展经营活动，合理组织生产，方便职工生活。

（3）林场经营面积大小，应适应以场定居、以场轮伐的原则和便于加强森林经营管理。一般面积 1 万～3 万公顷，年产量 15 000～25 000 米³ 为宜。

（4）根据森林资源多少和地形等自然条件，在考虑木材合理流向和缩短运输距离的基础上，区划林场境界，并尽可能与行政区划相一致。

（5）充分利用现有建筑物和设备，减少国家投资。

（6）名称：林业局以下。如主伐林场、经营所、采育场、伐木场等。从长远看，应统称为"林场"较为合适。

四、确定林场生产经营任务

（1）明确国有林场多元化发展经营目标。在新的发展形势下，国有林场需要对其自身进行精准定位，将其放置到一个完全市场化的空间当中，从经营效益与风险可控等方面制定发展战略，即多元化战略。在多元化战略实施上，国有林场应当保持清晰的认识，减少盲目投资行为，与自身最为擅长或者了解的领域相结合，以此来推动生产经营领域的扩大，提供更多的创新型产品，这样也才能与市场经济规律相结合。在多元化战略实施过程中，国有林场需要逐步提升自身的现代化管理水平，形成更加完善的管理部门治理结构，从而对生产经营管理任务进行更好的分配与落实，这样才能精准把握主营业务与其他业务之间的比例关系，从而将经济效益最大化，将风险做到安全可控。

（2）加强对国有林场多元化的成本管理。在多元化战略实施过程中，国有林场自身的产业结构会发生显著变化，在生产经营管理范围拓宽的情况下，自身的经济效益会显著增加，但是，相应的成本投入会不断增多，成本控制也就成为国有林场必须要重点把握的一个方面。国有林场应当加快成本控制体系的建立与完善，将成本控制融入生产经营的每一个环节当中，最大限度对成本开支进行控制，以此更好地体现出多元化战略的意义。

（3）分析确认国有林场多元化布局举措。对于国有林场而言，在多元化战略实施过程中，需要制定更为明确的经营目标，以既定目标来指导相关战略的实施。为了提高多元化战略实施的精准度，需要国有林场在战略制定前，对自身的经营目标进行合理制定，综合自身的经营资源进行有效把握，这样才能更好地应对多元化战略实施过程中可能遇到的问题与挑战，从而将风险隐患消除在多元化战略实施当中。在实现多元化战略目标上，国有林场应当动态、非动态把握自身的生产经营情况，注重与市场经营规律的结合，不断提高自身的产品质量，这样才能更好地在市场环境下站住脚。同时，在多元化战略实施上，应当减少盲目投资行为，对于任何一个投资决策都应当全面考虑、综合把握，以此来做到风险隐患的有效可控，这样多元化战略的成效性也才能更加明显。

依据林场现有森林资源状况，提出森林资源经营利用任务及其措施。根据现有的森林资源状况，确定森林采伐方式和更新的主要方式，预期达到的目的和效果。

五、森林经营规划

1. 确定采伐方式　根据林场的森林资源情况，本着有利于森林更新和木材集运的原则确定采伐方式。

（1）采育择伐：适于中、小径林木多，天然更新好的复层异龄林。

（2）经营择伐：适用于分布有珍贵树种和采伐后易引起沼泽化、草原化、水土流失等林分。

（3）二次渐伐：适用于天然更新容易、土层浅薄的成过熟林单层林。

（4）小面积皆伐：适用于成、过熟单层林中小径木少，但又是非目的树种的林分。

2. 确定森林更新方式　森林更新是森林经营重要工作之一。必须切实做到更新跟上采伐，维持森林环境，不断扩大森林资源。要贯彻"以人工更新为主，人工更新和天然更新相结合"的方针。规划项目是：

（1）确定更新方式及其比重。

（2）选择造林树种，确定造林方法，提出各树种的造林密度和比重。

（3）根据植树要以成活为标准的要求，提出造林和促进天然更新在整地、营造和抚育保护等方面的主要技术措施。

（4）确定更新、造林年限，计算平均年度工作量。

3. 人工林抚育管理　人工林抚育管理是更新造林的重要措施，必须做到"三分造、七分管"。

（1）幼林抚育：主要目的是提高造林成活率和保存率，可根据树种年龄、密度和立地条件不同，分别采取相应措施。

其规划内容有：确定不同造林树种在不同立地条件下的抚育措施和抚育年限，计算总工作量和平均年度工作量，确定抚育顺序和加强抚育管理的措施。

（2）成林抚育：它是从林木郁闭开始、直到成熟的整个培育过程中所采取的主要经营措施。对人工林的成林抚育，必须坚持"以抚育为主，抚育利用相结合"的原则，根据林木生长发育不同阶段，适时地开展抚育。

其规划内容有：确定不同林种在不同发育阶段的抚育间伐种类，间伐强度和间隔期；确定各种抚育间伐的主要技术要求；确定抚育间伐年限，计算抚育间伐总工作量；确定抚育间伐进度和顺序。

4. 天然幼、中龄林分的抚育采伐 天然幼、中龄林分中，一般是树种复杂，林相不理想，卫生状况不好，影响主要树种正常生长。因此，须采取相适宜的经营措施，使它变为理想林相。其规划内容有：

（1）根据林分特点，划分各种经营类型，并统计各类型的面积、蓄积。

（2）确定抚育采伐种类，采伐强度和间隔期。

（3）确定抚育采伐的主要技术要求。

（4）确定抚育采伐年限，计算抚育采伐总工作量。

（5）确定抚育采伐顺序。

5. 林分改造 为改善林木组成，提高经济价值，对慢生低产、经济价值不大、没有培育前途的林分，应有步骤地予以改造。

林分改造必须与更新造林密切结合，防止单纯取材和造成不利于更新的林地条件。其规划内容有：

（1）确定改造对象。

（2）确定改造方式、改造措施，提出主要技术要求。

（3）确定改造年限，计算平均年度的改造面积和采伐蓄积量。

6. 母树林和种子园 良种是森林更新和造林的极其重要的物质基础。为了培育大面积的速生丰产林，必须建立良种基地，培育良种壮苗。

（1）母树林规划内容有：①对过去选定的天然母树林，做出质量鉴定，提出技术措施；②确定预设母树林的树种和位置；③根据需种量和林木结实量，确定预设母树林面积；④提出促进母树结实，提高产量与质量的主要技术措施；⑤提出人工林改育母树林的树种、面积、地点和主要技术措施。

（2）种子园规划内容有：①确定种子园的位置及面积；②提出建立种子园的主要措施和技术要求。

7. 森林保护 森林保护就是指护林防火和森林病虫害的防治工作，必须全面贯彻《森林保护条例》和"预防为主、积极消灭"的方针。要健全组织机构，要因害设防，充分发动群众做好森林保护工作。其规划内容有：

（1）确定森林保护的对象和原则。

（2）确定预防、消灭森林火灾和森林病虫害的措施。

8. 营林机械化 大力发展营林机械，是减轻营林工作重体力劳动，提高劳动效率和更新质量，加快更新进度，培育大面积人工速生丰产林的重要环节。其规划内容有：

（1）确定营林机械类型和数量。

（2）计算营林机械化作业比重。

六、木材生产

根据林相、地势，更新情况和对水土保持等方面的要求，按《森林采伐更新规程》及其他规定确定生产方式。其规划内容有：

（1）确定木材生产的作业制度，生产工艺、各工序的机械化作业比重。

（2）确定常年与季节作业比重。

（3）确定平均集材距离。

（4）提出节约木材和充分利用资源的措施。

七、线路和运输

线路和运输的建设，应该满足森林经营、木材生产、综合利用、基本建设等方面需要。其规划内容有：

（1）确定木材流向及运输方式，布置道路网。

（2）选择运输设备类型。

（3）运输工艺设计。

（4）确定作业制度和劳动组织。

（5）确定保养措施。

八、木材加工与综合利用

木材加工、综合利用是充分利用森林资源，提高木材利用率，满足国家建设和人民生活需要的重要途径，同时，木材综合利用程度的高低，也标志着一个国家在木材工业上的发展水平。木材加工规划内容有：

（1）对已建木材加工厂，根据本场资源变化情况，计算加工原料，核实加工规模，提出具体措施。

（2）对拟建厂，可结合具体情况和需要，进行建厂规划。根据原料来源确定加工规模、产品种类、机械造型、工艺流程、厂房面积和投资概算。

（3）确定提高生产效率和出材率的措施。

九、林区社会建设

随着林业事业不断地发展，林区人口也将相应增加，本着有利于生产，方便生活的原则，规划林区社会建设项目，如农、副、商、学等行业的建设。

十、预期效益

预期效益主要是在规划期内所获得的预计成果。其内容有：

（1）规划期内，预计完成各项产品、产量与产值。

（2）根据经济技术指标，劳动生产定额，各项工作量及产品产量，分生产项目计算其劳动生产率和成本。其目的在于分析规划的合理性。

第三节 森林经营利用规划的方法

一、森林保护规划

森林和林地是重要的自然资源，发挥着生产和维护生态稳定的双重功能。然而森林和林地资源是有限的，为了实现森林可持续经营，必须在森林和林地资源经营与开发的同时进行森林和林地的保护。根据防城区的特点，从森林保护和林地恢复两个方面提出保护和恢复措施。

1. 森林保护措施

（1）严格保护森林，打击不通过合法手续占用林地的行为。政府要强化林地征占用控制和建设项目审查制度，做好森林管理工作，加强林地占用的控制和指导建设项目的预审制度，对于征占用项目审批要公开、公平、合法，控制占用林地范围，减少占用森林，特别是具有重要生态作用的森林，并做好植被恢复工作安排；按照森林采伐限额和森林连年生长量控制采伐量，使采伐量低于生长量，保障森林收获的长期稳定，同时增强伐区管理，进行适宜的采伐作业，减少原生植被的破坏；对于自然保护区内的森林以及发挥重要生态作用的水源涵养林、水土保持林和国防林应当进行重点保护，控制大规模采伐和非法占用，并标明界线，竖牌说明森林发挥的功能和森林保护的重要性；其他公益林的采伐应当控制在一定的强度范围内，选取适宜的采伐和培育方式，尽量不破坏森林的生态功能，对于必须占用到的公益林应当进行环境影响评价，严格执行相关管理条例，获得项目审批后才可以动工。

（2）强化"三防"体系建设。加大森林防火、防虫、防乱砍滥伐的宣传力度，提高林区群众的森林保护意识；增加防火基础设施投入，提高森林防火监测和森林火灾扑救能力；推广生物防治技术方法，监测外来生物，减少对本土乡土植被的破坏和竞争及干扰，维护健康和谐的森林生态系统；加大对病虫害防治的研究，引进高产、优质的适宜树种；加强森林管理制度建设，特别是保护区范围内的森林应禁止采伐和高强度的人为干扰破坏，做好森林防乱砍滥伐工作，提高森林巡视强度和力度，加强公益林管理，加大对森林管理资金投入。

（3）加强森林经营管理。对未成林、新造林地采取扩穴除草等抚育管护措施，促进郁闭成林。对中幼林加强抚育，改善生长环境，增强中幼林长势，提高森林质量；改造低产低效林，对于郁闭度较低的用材林分，采取采伐更新，按照适地适树原则更换树种，或补植改造等方式，改善林分结构，提高林地生产力。

2. 林地恢复措施

（1）退化林地恢复。退化林地是指退化很严重以致不能更新的森林，目前主要由草本和灌木组成。防城区森林经营管理水平较低，林地生产力退化情况严重，全区森林平均每公顷蓄积量 36.1 米³，远低于广西平均水平和全国平均水平。为了有效防止林地退化问题的加剧，应当进行低产林改造，通过使用良种造林、加强抚育、防治病虫害等措施改善林地生产力；加速生态修复步伐，遵照森林演替规律，通过封山育林等措施使荒山荒地恢复成森林植被；调动全社会力量共同参与，鼓励多种经营，加速和促进退化林地的恢复。

（2）灾毁林地恢复。防城区每年都会有灾毁林地发生，包括火灾、病虫害、风灾、水灾及人为毁林等。对于这些受灾林地，应当采取对应措施进行及时恢复。对于林木受损较轻的林分可以进行适当的补植，并加大对剩余林木的培育力度；对于受灾较严重的林分可以进行更新造林，伐去受灾林木，根据林地状况选择适宜树种进行重新造林。而对于遭受病虫害的林分应当进行特殊处理：伐去所有的剩余林木，树立隔离带，对受灾林地进行消毒处理，并做好周围林地病虫害防治工作，避免病虫害传播，待无病虫害隐患后才可以进行更新造林，优先选择抗病虫害较强的造林树种。

（3）临时占用林地恢复。采取有效措施加快临时占用林地恢复，林业主管部门应当加强监督和管理力度，严厉打击临时征占用林地丢弃，逾期不恢复的行为。制定相关法律法规条例，明确临时征占用林地恢复期限和承担者的责任，设定条例，根据承担者逃避行为的情节轻重进行处分。强化林地临时征占用办理、审核及补偿机制，规范临时征占用林地相关审批和办理程序，对不符合某一方面的则不予办理。临时征占用林地的恢复工作尤为重要，尤其当临时征占用了有林分的林地时，应该进行异地植被恢复，制定异地植被恢复方案。选取适宜的林地进行异地造林，造林面积不小于临时征占用林地的面积，林种和树种尽量与占用林地一致，并进行异地植被恢复实地复查。临时占用林地恢复保证了区域森林面积的稳定，即覆盖率的稳定，对林业可持续发展具有重要意义。

二、规划工作的方法和步骤

大致可归纳为以下四个步骤：

1. 建立规划组织，明确规划任务　在各级党委统一领导下，建立规划组织并配备具有一定政策水平和熟悉业务技术的有关科技人员，同时要吸收有实践经验的部分老工人参加。根据规划任务，可划分为资源、营林、经济、运输、综合利用、机电农副业等专业组，并分别按照专业要求开展工作。因为规划方案是一个有机整体，各专业之间也有着不可分割的联系，这就要求各专业规划人员，在工作中加强联系与紧密合作。

2. 资源核实和复查 森林资源数字准确与否，直接影响规划质量，因此，首先要对森林资源材料进行分析研究。对森林调查年代较久，尽管尚未开发利用，但森林结构已发生变化，应组织力量进行复查，对近期调查的森林资源，如果已进行开发活动，也应该进行复查核实。资源核实工作要以资源组为主，必要时可会同其他专业组共同进行，要吸收营林科、生产科、森调队的有关人员并同基层单位业务人员，根据几年来的资源变化，按小班逐块地进行核实。如有变化，应进行实地调查，加以修正和补充。在此基础上，以林班为单位，重新统计汇总各类森林蓄积量，进行资源分类和统计，作为本次森林经营利用规划的主要依据。

3. 进行调查研究 各专业都必须进行大量的充分的调查研究，收集有关技术经济资料，为制订规划方案提供可靠的依据。可参考以下几个方面：

（1）林区经济技术资料。

①林业局（场）经营范围，木材生产情况，生产工艺过程及定额，机械设备，劳动生产率等主要技术经济指标；

②林业局（场）经营情况，采伐更新方式，林分改造，人工林经营管理，种苗生产、防治病虫害等措施；

③生产布局和运输状况及有关技术经济指标；

④贮木厂和木材加工厂的生产情况及经济技术指标；

⑤现有动力供应和机械检修状况；

⑥综合利用、农副生产与多种经营的情况；

⑦在局、场经营范围内的其他企、事业单位对木材需要情况；

⑧现有资源利用情况、木材销售及木材流向等；

⑨局、场职工生活，商品供应，以及文教、卫生等方面情况；

⑩国家批准的总体设计及有关科学研究和历史文献资料；

⑪地形图、航测资料及有关勘测设计资料以及专业调查报告等资料。

（2）社会经济技术资料。

①地方长远规划和土地利用情况；

②了解局、场境内单位与人口及分布情况；

③地方工业生产的产品、销售、原料来源等情况；

④林权处理等情况；

⑤地方的文教、卫生、商粮等发展情况。

（3）自然地理资料。

①各类森林资源和土地资源的数量、分布及特点；

②局、场的气象资料和水文资料；

③地貌与地质条件资料以及土壤调查等资料；

④有关植物分布、野生经济植物、药用植物和动物的情况；

⑤地理坐标、行政管辖、山脉、水系的情况。

4. 制订规划的初步方案　各专业组将收集的第一手资料从全局出发，本着立足长远、促进当前的原则，进行归纳整理、计算、分析。去粗取精，去伪存真，经过全面分析，反复平衡，提出小组方案。然后由经济组汇总形成初步方案，报上级审批。

5. 初步方案的验证和实施　为了搞好场级规划，要总结经验，应在一个林场进行试点。会同该场的有关干部、技术人员和老工人一起，根据初步方案的要求，结合本场实际情况，在试点中发现初步方案有不符合实际时，应及时修改或补充，使之逐步完善。最后履行审批手续，以便监督和实施。

第四节　林业局森林经营利用规划的成果

森林经营利用规划的成果，可由以下部分组成：森林经营利用规划方案说明书、森林经营利用规划各种数表、森林经营利用规划各类规划图。

一、林业局经营利用规划方案说明书

经营利用规划说明书，是规划方案的主体部分，是规划期限内，林业局进行建设和生产经营活动的指导性文件。因在编制规划方案过程中，除了做好调查研究和分析工作，还必须认真细致地写好规划方案说明书。要求层次分明，观点明确，文字简练，重点突出等。

兹列出参考提纲。

经营利用规划说明书提纲：

1. 前言

（1）开展本次森林经营利用规划的依据、必要性及目的和任务。

（2）规划的指导思想和工作方法。

（3）组织领导，工作量和工作进度。

（4）编制规划的依据资料。

（5）提交成果的文件组成。

2. 林区概况

（1）自然条件。

①林业局的地理位置、经营范围、行政区划、四邻和境界；

②山脉、河流、海拔、地形地势及土壤、气温、生长期、降水量等。

（2）森林资源状况。

①本次规划所依据的资源复查资料；

②各类资源数量及各项因子指标、其所占比重；

③森林资源的特点。

（3）生产经营现况。

①林业局的建局历史；

②生产、建设情况，如木材生产、营林、木材加工、综合利用、农副业、多种经营等产品产量情况（历史最高和当前水平）；

③主要设施情况，机械设备、数量和投资额；

④林场、居民点和道路铺开情况，现有职工人数，组织机构等；

⑤各主要生产阶段的生产方式和机械化水平；

⑥总结建局以来的经验教训。

3. 森林经营利用规划

（1）确定企业经营原则。

①确定企业经营原则的依据；

②确定的经营原则。

（2）林场区划布局和开发顺序。

①林场区划现状和存在的问题；

②调整区划的依据；

③调整后的林场区划与布局；

④预建林场的开发顺序和场址选设。

（3）营林。

①确定采伐、更新方式：

A. 采伐、更新方式的现状；

B. 确定采伐、更新方式的依据；

C. 确定的采伐、更新方式及其比重；

D. 对各种采伐、更新方式的具体要求，如适用的林相、采伐强度、间隔期和更新措施。

②更新造林：

A. 各种宜林地更新造林的总工作量；

B. 更新速度和年度更新造林工作量；

C. 各种林场（所）的更新规模；

D. 造林树种选择及各造林树种比重；

E. 造林方式、混交比及造林密度；

F. 四旁绿化年任务量；

G. 培育速生丰产林的措施。

③人工林抚育管理：

A. 已成林的人工林生长情况及主伐年龄；

B. 成林间伐的总工作量和平均年度工作量；

C. 抚育间伐措施（起始年限及抚育方法、强度、间隔期、效益）；

D. 未成林的人工林平均年度抚育工作量。

④天然幼、中龄林抚育采伐：

A. 天然幼、中龄林的面积、蓄积和分布；

B. 经营类型的划分和各经营类型的林木生长情况；

C. 抚育采伐的技术措施（年度及抚育采伐方法、强度、间隔期、效益）；

D. 抚育采伐进度、平均年度工作量和产品产量。

⑤林分改造：

A. 林分改造的对象；

B. 林分改造速度和平均年度工作量；

C. 林分改造的技术措施（改造方法、造林树种选择、更新要求等）；

D. 林分改造的产品产量。

⑥种苗生产：

A. 现有苗圃面积与生产能力；

B. 需苗量和需种量的计算；

C. 规划苗圃面积、新增苗圃面积及其选设；

D. 苗圃管理形式和管理措施；

E. 新增天然和人工母树林的选设（树种、面积、地点）；

F. 无性系种子园的建立；

G. 母树林的管理措施。

⑦森林保护：

A. 森林保护的重点对象及原则；

B. 护林防火组织、设备与设施；

C. 病、虫和鼠害的防治措施；

D. 加强林政管理的措施。

⑧营林机械化：

A. 实现机械化的重点工序；

B. 营林机械设备的选型及数量；

C. 发动群众大搞技术革新和技术革命，试制营林新机具。

4. 木材生产

（1）企业年产量的确定。

①采伐资源的分析与确定；

②轮伐期、回归年、商品材出材率的确定；

③年伐量的计标与确定、材种比重的确定；

④各林场（所）规划期内逐年产量的确定；

⑤年伐量、经营年限、永续经营利用的分析和论证。

（2）伐区生产。

①生产方式的确定（常年与季节，原条与原木）；

②生产工艺流程的选择；

③机械设备和劳动组织；

④劳力与生产效率。

（3）贮木场改造。

①贮木场现状（场地面积、专用线长度、到材量、设备、工艺过程、劳动组织）；

②现有贮木场存在的主要问题；

③布局调整和工艺改革方案。

5. 线路与运输

（1）道路网的布置。

（2）木材运输。

（3）道路养护与筑路队伍建设。

（4）通信设置。

6. 木材加工与综合利用

（1）木材加工布局和调整。

（2）木材综合利用项目和布局的确定。

7. 农副业与多种经营

（1）农副业生产。

①农业生产的自给程度和达到该水平的需要量；

②所需耕地面积（按人口、单产等计算）和逐年开荒数量；

③经营项目和作物种类；

④农田基本建设；

⑤组织形式；

⑥农业机械的选择及所需数量。

（2）多种经营。

①开展多种经营的原则；

②经营项目、规模和组织。

8. 基本建设主要工程项目和投资概算　对规划期内的主要基本建设工程项目，按照工程造价（或单价）分别以国投资金、更改资金和育林资金三项投资来源造表并进行计算和统计，经过反复平衡，最后汇总出全局投资额和分年度（或五年）投资额，并加以分析和说明。

9. 职工需要量　根据年度工作量和劳动生产定额，计算出各类人员所需数量，最后加以分析说明。

二、规划附表

制订规划方案时有关计算的具体数据，制成明细表，作为规划方案附件，以备查改。一般常用的规划附表有下面几种：

①各类土地面积统计表；

②林分面积、蓄积以及疏林、散生木蓄积统计表；

③用材林的中、成熟龄组树种蓄积量合计表；

④人工林及未成熟林造林面积蓄积量统计表；

⑤主要树种生长率统计表；

⑥经营利用措施规划工作量统计表；

⑦营林规划工作量安排表；

⑧苗木需要量规划表；

⑨年产量计算表；

⑩年产量规划表；

⑪木材生产安排规划表；

⑫运输路线规划表；

⑬综合利用产值核算表；

⑭基本建设与投资概算表；

⑮规划所需劳力概算表。

表格的项目及内容和格式，应根据需要，加以拟定，因此不一一列举。

三、规划附图

为了将规划的各个项目反映到图面上，可利用森林调查或复查时印制的林相空白图，绘制各种规划图，通常用不同颜色、各种线条、各种符号，表示各种规划内容。一般常用的规划图有下列几种：

①林业局区划略图，1：100 000；

②营林规划图，1：50 000，包括造林、补植，抚育、改造、封山；

③主产利用规划图，1：50 000，包括伐区顺序，道路、通信和输电线路；

④林区社会建设规划图，1：50 000，包括社会建设、农副业、多种经营和综合利用；

⑤林业局平面布局图，1：5 000；

⑥贮木场平面布局图，1：1 000。

第五节 林场（所）森林经营利用规划的成果

一、林场（所）规划说明书

1. 前言 参照局规划所列内容。

2. 基本情况

（1）林场的位置、四邻和场（所）址地点；

（2）主要山脉与河流；

（3）气候、植物生长期；

（4）现有居民点等的分布、户数、人口、劳力、畜力情况。

3. 现有森林资源

（1）森林资源：包括面积、蓄积与分布；

（2）采伐资源组成树种蓄积量情况；

（3）林场森林区划；

（4）人工林面积、蓄积量情况；

（5）各树种的生长量、生长率及枯损率；

（6）各树种天然更新及更替规律；

（7）森林资源特点及采育条件和定向培育适宜树种、年限的分析。

4. 经营管理情况

（1）建场（所）的历史；

（2）建场（所）以来，完成的木材生产、更新造林、幼林抚育等项工作的总工作量和历史上最高年度完成量；

（3）木材综合利用和农副业生产、多种经营等情况；

（4）现有组织机构、职工人数、户数、人口总数、道路情况；

（5）现有主要机械设备情况；

（6）现有各类房舍数量、质量及需要更替的住宅情况；

（7）现有采伐作业方式、伐区工艺、劳动组织、生产率、成本完成情况及伐区情况等；

（8）现有营林生产情况、作业方式及营林专业队的设置情况；

（9）林场的道路网铺设和利用情况；

（10）建场（所）以来，在生产、建设布局和经营管理等方面的经验教训。

5. 经营利用规划

（1）确定经营原则；

（2）年产量的确定；

（3）荒山荒地造林，四旁绿化，幼、壮龄林抚育，疏林地改造等项工作速度的确定；

（4）造林、抚育、采种、育苗等工作量；

（5）开发顺序和常年、季节的安排；

（6）采伐方式、作业方式和机械化作业比重的确定；

（7）更新造林方式和造林树种的选择；

（8）苗圃、母树林和种子园的经营及种苗供应量；

（9）伐区生产工艺的确定；

（10）道路建设；

（11）木材综合利用项目，规模、产品产量和建厂安排；

（12）动力供应和机械检修；

（13）农副业和多种经营的发展项目以及产品产量的确定；

（14）文教、卫生、商、粮等林区社会福利建设；

（15）组织机构和职工需要量；

（16）基本建设项目和投资估算。

二、规划附表

以林场为统计单位的各种附表：

①各类土地面积统计表；

②各类森林蓄积量统计表；

③采伐资源组成树种蓄积量统计表；

④木材产量与开发顺序规划表；

⑤各项营林工作量规划表；

⑥造林、抚育、改造顺序安排表；

⑦综合利用规划表；

⑧农副业、多种经营规划表；

⑨职工需要量规划表；

⑩基本建设规划表。

三、规划附图

①林场的林相图；

②伐区开发顺序规划图，1∶25 000；

③营林规划图，1∶25 000；

④综合利用、农副业规划图，1∶25 000；

⑤林场（所）平面布局规划图，1∶1 000。

以上所列规划成果文件组成，不是每一个林业局（场）都是如此，而必须根据林业局（场）的实际需要和规划内容的要求进行确定。

四、林相图的绘制

林相图是按林场、经营所为单位绘制的，其方法是用缩小基本图绘制，比例尺可同于基本图或为基本图的二分之一。

1. 绘制林相图前的准备工作　在绘制林相图前要根据绘图面积和形状确定图头、图例的大小，预先计划，用最经济的图面面积安排图上的组成部分，确定图纸的大小。林相图最大的图幅应控制在 120 厘米×160 厘米大小之内。如面积过大使用不便时，就要缩小林相图的比例尺。

为了便于使用和保管起见，可考虑切成适当规格的数块进行裱糊，因此在绘制前用铅笔绘出切图线，根据切图线所经过的位置，对地物名称、注记、图头、图例、签字及绘图单位等都要作出适当安排，以免切开，并在纵、横切开线直交处，用黑墨线画出一厘米长的直交线。一定要使图的各边互相垂直。

2. 林相图的绘制　林相图的境界线及内部的小班线用约 0.2 毫米的细实线描绘，林班线用 0.5 毫米的粗实线绘制。

河流、湖泊、水库等用深蓝墨水绘出轮廓线，用浅蓝色墨水染中间。用黑墨注记出河流、湖泊名称，并用箭头表示河流的流向。

铁路、森林铁路、公路、山脊等项都用黑墨绘制，在公路的中间按照图例填染。在道路的出口处写明它的去向。

在林班中部写出林班号，在有林地的小班写出小班的调查因子式，如 $\frac{小班号—面积}{疏密度—地位级}$，式中的横线应与图廓线的底边平行。面积小的小班不能容纳因子式时，只写小班号。人工幼林地按图例标出。

按图例在林相图上标出采伐迹地、火烧迹地、疏林地、未成林造林地、风倒木、防火瞭望台、高压线、公用地、沿河禁伐带、护路林带、居民点周围的绿化林带。森林苗圃所占面积可在图上表示时，就按比例给出，若所占面积不大则用非比例尺的图例符号表示。

3. 林相图的装饰和注记 在林相图的上部写出省、县（或林业局）、公社（或林场）的名称，林相图的调查年度，数字比例尺，总面积。在下部适当位置绘出图例，在左下角写出调查单位和主管机关名称，右下角是调查单位领导人、调查员、绘图员的签字。

4. 林相图的着色 按照 1975 年 5 月农林部林业局《林业用图图例》（试行本）标注各有关符号和着色。林相图采用三个龄组，即幼龄林，中龄林，成、过熟龄林，并相应地绘在林相图的图例中，各龄组的色层必须做到深浅分明，如有时缺少一个或两个龄组时，也不得任意改变图例中所规定的颜色。

与四邻用地相接的境界及相接的行政界线，根据图例进行着色。通过林区的县以上的行政境界，必须按规定分两个色层着色。

着色后的林相图，要与调查簿进行反复校对，如龄组、小班调查因子等。

◆ 参考文献

刘增和，1986. 谈林业局（场）森林经营方案的编制［J］. 林业资源管理（2）.

王翠兰，2020. 国有林场多元化经营中的竞争力与控制力研究［J］. 林产工业，57（10）：94-96.

夏松平，陈治，2016. 森林经营方案编制与管理存在的问题及对策［J］. 中国林业产业，151（4）：139-140.

肖乐善，郭述智，1989. 对国营林业局、场编制森林经营方案的几点看法［J］. 林业资源管理（6）：29-29.

◆ 思考题

（1）简述森林经营规划。

（2）自然地理资料包括哪些？

（3）简述森林经营规划的成果。

（4）简述规划方法的四个步骤。

第八章 森林资源档案的
建立和管理

第一节 建立森林资源档案的意义

森林资源档案管理，是林业主管部门借助表簿、卡片、图面材料及文字说明等，以一定的格式详细记录反映本地林业各时期的资源变化情况。森林资源档案管理有着极高的保存价值，是经技术处理的可归档文件。森林资源档案管理，可应用的范围极广，同样渗透到财务、科研、技术、管护、干部任期等等诸多方面的科考评价参考依据。

除上述论述的重要性之外，在营林生产期间森林资源的档案管理，同样有利于更好记录各项营林造林活动，考核造林营林的成果；有利于及时准确掌握森林资源的消长变化情况，更好预测未来林业资源的发展趋势；有利于林木资源造价的评估，为此总结一段时间内的成果经验，根据实际及时调整经营方向，大大提升造林营林的水平，确保在造林工作中走向一条可持续的发展轨道。

森林资源属于可再生的自然资源，是承载生物多样性的重要生态空间，也是生态环境的重要组成部分。为了合理地使用和更好地保护森林资源，人们开始对森林资源进行科学的经营和管理。世界各国森林资源经营管理的内容不完全相同，但主要内容是相同的。目前，我国森林资源经营和管理的主要工作是对基础森林资源进行摸底调查，并根据资源基数编制经营规划和采伐限额、开展森林经营活动和信息化管理等。而森林资源档案管理在森林经营管理中扮演着极其重要的角色，它是科学、规范管理森林资源的基础，是生态文明建设的重要基础性工作。

在林业生产中，基层的生产单位是林场，最主要的生产对象是森林资源（包括面积、蓄积和生长等）。因此，林业生产技术档案应以林场为建档的基本单位。以记录和反映基层单位内的森林资源现况、动态及对森林资源的经营利用的活动为主要内容的真实情况，它不仅具有现实使用价值，而且具有长期的考查和历史凭证的作用。

森林资源档案，在一般情况下，就是生产技术档案与科学研究档案的结合总体。生产技术档案，是指生产单位在造林、营林和利用等各项生产过程中，所形成的归档技术文件。科学研究档案，是指在造林、营林、利用等过程中，进行科学研究所形成的归档技术文件。

森林资源是组织林业生产建设的基础，经过森林资源清查，掌握现有森林资源和资源变动情况以及目前与将来生长趋势，对制定计划、指导生产都起着重要作用。为了使森林资源有关资料（资源、科研成果、图表、规划、年度生产总结等）发挥应有的作用，就必须对调查资料实行科学管理，建立森林资源档案。

开展森林建档工作，是对林场在经营管理上的客观总结，是制订方针政策的依据，是合理组织生产的基础，是检查经营效果的手段。通过建档不仅可以及时掌握林业用地面积和森林蓄积、荒山绿化、采伐更新等资源变化情况，还可以有效地为经营活动，组织林业生产，编制林业活动各种计划，科学研究，资源统计等服务。为此，在森林资源清查基础上，充分利用以往林业调查规划设计资料，尽快地把资源档案建立起来，并加强科学的管理，使之不断完善以适应林业生产的迫切需要。

森林资源是随着时间的推移和人们的经营活动而不断地发生变化的，如果不加以及时或定期地进行调查记载、管理、检查修订，那么原有资源数字就会失去应有的作用，就会导致林业生产的盲目被动。

第二节　森林资源档案的建立

森林资源档案的建立原则及要求如下：

一、森林资源档案是永久性的历史资料

在开展林业经营利用活动的单位，都应该建立资源档案。对国有林和集体林，必须在查清森林资源的基础上，分地区（林管局、营林局），市、县（旗）林业局，林场（所）、乡镇建立三级森林资源档案。

二、应该根据下列各项资料来建立森林资源档案

（1）森林调查或资源复查资料。

（2）总体规划设计资料。

（3）更新造林普查、设计资料。

（4）伐区调查作业设计资料。

（5）历年来森林资源变化资料。

（6）林相图和各种作业设计图面资料。

如果上述资料不全或缺少，应在建立档案的同时设法清查或补查。

三、三级森林资源档案管理的单位

林场（所）、乡镇以小班为单位，市、县林业局以林班为单位，地区（林业局）以林场（所）为单位。

四、对各级管辖范围内的土地资源和林木资源应记入档案中

土地资源为国有林场（所）经营的各类土地（包括有林地、无林地、非林地）及集体经营的有林地。林木资源为天然林、人工林、疏林及有防护性能的灌木林等。

五、根据森林资源情况不同，森林资源档案所包括的项目亦应不同

要求由下列项目组成：

（1）小班资源档案卡片（包括天然林及人工林）。

（2）各类土地面积统计表。

（3）林分面积蓄积及疏林、散生林蓄积统计表。

（4）用材林中的中、成熟林组成树种蓄积统计表。

（5）人工林及未成林造林地面积蓄积统计表。

（6）森林资源变化台账。

（7）林业经营、生产活动台账。

（8）林相图、规划图、经营措施图。

（9）永久性标准地。根据需要可补设部分临时性标准地标准木。

小班卡片是整个森林资源档案的基础，应认真准确地记载小班卡片，并绘制图面材料。其他各个台账是各级管理单位逐级统计的通用格式。

六、森林资源档案的建立，主要分外业、内业、归档三个步骤进行

1. 第一个步骤：外业

（1）小班调查。在森林资源清查的基础上，以原小班为基本单位，编写小班档案卡片，实地准确记载全场每一个小班的立地条件、林分因子和经营历史资料，根据经营目的提出今后造林、营林措施，并精确地把每一个小班反映到

图面上，对于变化了的小班（地类变化或原区划有错误）和调查内容不全的小班，要进行重新区划，调查或补充调查，加以修订。

（2）固定样地的建立和调查。为及时了解森林资源变化情况和连续清查的需要，可采用抽样调查的方法进行大面积控制。通过固定样地定期调查，掌握全场森林资源的生长量、消耗量及其变化规律，了解各立地类型林分生产情况。

2. 第二个步骤：内业

（1）森林资源统计表的编制（或称森林资源台账）。以小班档案卡片为基本统计单价，按林班、分场、林场三级进行统计，并提出下列成果：

①各类土地面积统计表；

②按优势树种分龄组、蓄积量统计表；

③新中国成立以来人工林面积、蓄积量统计表；

④经济林面积统计表。

（2）抽样调查成果计算和分析，抽样调查成果计算包括：样地材料计算，总体数据计算及采用不同方法计算和成果分析。

（3）图面材料。

①根据外业调查区划草图，绘制林相图；

②编制造林营林规划图。

（4）编写简要的建档说明书和建档工作小结。

3. 第三个步骤：归档 把上述资料整理、归类、装订、编目，按不同项目和要求放入档案柜内，并创造一定条件，确保档案的安全，真正做到档有柜，管有人，用有方。

第三节 小班资源档案卡片的建立

小班是林场（所）的最基本的调查和经营活动单位，合理的经营管理活动都以小班为单位开展。小班资源档案卡片能否健全和使用是否得当，将影响资源统计的准确程度，在建立资源档案中必须抓好这一基本工作。

小班资源档案卡片的形式，一般分为无周边式和有周边式二类。有周边式中又可分裁边式和打孔（剪孔）式两种。

无周边式的卡片即一般填写表格式的卡片。这种卡片实质上是台账式的一种，使用比较简单，但对于查找同一类别的统计卡片则不如有周边式的快。

有周边式的小班资源档案卡片，则可以比较快地统计出某一类别（如土地类别、经营活动项目等）的数字，但在设计周边格式及建立卡片时比较费工。在有周边式的卡片中又根据对周边的处理方式不同分为裁边式及打孔式两种，它们的共同点是卡片正面与背面填写格式均相同，其不同点如表 8-1 所示。

表 8-1　裁边式和打孔式小班档案卡片不同点

裁边式小班档案卡片	打孔式小班档案卡片
周边为剪裁式	周边为孔眼式
周边直接印出检索因子名称，检索因子一目了然、明显突出	周边印以号数组合的孔眼代号表示检索因子，检索因子不够明显突出
检索因子少，应用范围有局限性	检索因子较多，应用范围广，灵活性较高
小班卡片要分林班存放	全林场小班卡片可混放，检索较方便
林班包括的小班个数不是很多时较为适用	不受林班内小班数量多少的限制，制卡片数量愈多愈能显示出比裁边式更具优越性
档案管理技术较简便，较易掌握与应用	档案管理技术要求较高，开始时不易掌握与应用

打孔式卡片是应用卡片周边的某一个或几个孔代表某一调查因子或经营项目，以便于经营管理与统计。孔眼可以代表实际数字（如林班、小班号、树高、直径、每公顷蓄积、造林年度等），也可以代表某一项目的代号（如土地类别中的有林地可用地类栏中的 3 号孔眼代表等）。为了减少孔眼的数量和使周边能多代表一些项目和数字，打孔式卡片剪孔的形式一般采用复合式剪孔法，如表 8-2 所示。

表 8-2　复合式剪孔法

代表数字	需剪孔数量
1	1
2	2
3	1.2
4	4
5	4.1
6	4.2
7	7
8	7.1
9	7.2

编制打孔式小班卡片的步骤是：①根据小班调查材料填写卡片中央部分各有关项目；②经核对无误后把各检索项目提出转抄到周边的各相应括号内；

③按所填数字剪开孔眼；④卡片周边各检索项目都按要求剪开孔眼后，应及时核对一遍，此后便可供各项生产活动中使用。

目前河北省兴隆林业局各林场应用打孔式小班经营卡片（包括资源情况）来进行森林资源统计，森林经营管理以及作业设计等方面已取得一定的经验。其具体做法是：

一、森林资源统计方面

打孔式小班卡片为编写调查报告及各种森林经营利用作业设计提供各种统计表格数字。如按地类、树种分面积、蓄积统计表，按树种、疏密度分面积、蓄积统计表，按树种、龄组分面积、蓄积统计表，以及按各个检索项目排列的统计表等，都可以用打孔式小班卡片较快地统计出来。

具体检索方法：如要找出某一经营单位（林场、所）疏林地（在打孔卡片上地类中疏林地代号为6）卡片时，先将所有卡片对齐，将挑针穿入地类上4号孔眼，挑起所有第4号未剪开口的卡片放在一边，不要；将掉下来的卡片对齐，将挑针穿入地类上的2号孔眼，如上挑出的卡片不要；通过前两次挑选，6号地类的卡片都掉在所剩的卡片中，然后将这些卡片对齐，分别挑7号和1号孔眼，挑出的仍不用，最后所剩的卡片就全是只剪开4号孔眼和2号孔眼的卡片，也就是所需要的所有疏林地小班的卡片；如在疏林中再要分树种或龄组等其他因子，可如上法逐一挑出即可。

二、经营管理方面

对某小班进行某项经营措施作业完毕后，要求将森林资源变化情况以及所用工时、费用、出材及收入等逐项填入小班卡片有关各栏内，定期汇总以便及时掌握林况等的变化情况。

三、作业设计方面

打孔式小班卡片主要用于设计前的检索（即提供各项所需设计数字）和施工后的登记抽换。可以按要求根据一定顺序进行挑选，如人工林抚育间伐的程序可以是地类—树种—疏密度—平均胸径—造林年度五步等。

小班卡片抽换的原则是：检索因子的增减（资源变化或经营措施变化）影响到已剪开孔眼不能代表该项目时就应抽出更换。一般情况下，在完成经营措施以后，凡有变化的卡片都分别放置，然后在年终或一定时期（季度、半年）统一检查各小班卡片后，再统一抽换。

小班资源档案卡片的具体内容及式样，应根据林场（所）的具体情况设计，但应在满足国家统一规定所需的各主要项目基础上来进行。目前，我国已有好几种形式，大多是无周边式的卡片，打孔式的卡片在今后的发展中将会得到广泛的应用。

第四节 森林资源档案管理存在的问题

某种程度上说，森林资源档案管理是森林资源管理中的基础前提，可为林业部门有效掌握森林资源实际情况提供极大的帮助作用，随后采取恰当的实施策略，不仅能实现经济效益最大化，还能推动森林资源的可持续发展。分析林业资源档案管理的实际情况，虽然在最近这些年来森林资源的档案管理略有起色，但还是存在不少问题，有待改进完善。

一、重视程度明显较低，管理制度仍不够完善

根据当前情况来看，森林资源档案管理过程中仍存在较多问题，最突出的便是管理制度不够完善，专业管理及移交人员流动性较大，甚至部分区域存在着检查管理工作落实不到位问题，都容易使森林资源档案管理远远达不到理想成效。同时，森林资源档案管理领导的重视程度也明显较低，其认为该方面工作往往可有可无，并不需要投入太多精力，对后期的森林资源发展埋下了极大隐患。

二、成果数据的时效性不能满足要求

虽然目前的林地年度变更工作能够做到年度更新，但由于各级部门工作效率不同，按照自然年度即时出数还是无法保证，且从森林资源数据管理的发展趋势来说，未来要求随时出数、即时出数是很有可能的，但由于现行全国森林资源清查体系和以规划设计调查、林地年度变更调查为基础的资源档案体系难以完成，还需要通过技术创新找出新的有效途径。

三、森林资源档案收集管理落实不到位

通常来说，森林资源档案收集管理是对当前森林资源实际情况的一个客观真实反映，因此需工作人员能切实加强对档案收集管理的重视程度，充分发挥出其在档案规范性管控中的存在作用。对于一些森林活动或是变更等情况需做好信息记录，可以图标等方式将其展示出来，更加直观表达出森林树木生长情况。除此之外森林工作人员还可积极制定森林资源统计表、经营规划流程及资源变化等图表，进而不仅能真实反映出目前森林资源实际情况，还能对档案资源移交管理起到规范性约束作用，适当补充移交记录信息，为森林资源管理工

作更好地开展创造良好条件。

四、森林资源档案防范措施不到位

本质上说，森林资源档案管理及档案信息收集工作同等重要，一般档案储存环境必须处于相对良好状态下，并且提出合理化档案防范性措施，如防潮、防火、防盗及防污染等。然而基于实际情况来看却并非如此，特别是一些经济水平增长较慢区域，森林资源档案防范措施落实更是极不到位，致使森林资源档案面临着遗漏、丢失等威胁，根本无法发挥出档案自身服务功能。因此要求档案管理人员在具体工作中不能怀有侥幸心理，而是要综合考虑到多方面因素可能带来的影响，避免森林资源档案管理出现任何不利现象。

第五节　森林资源档案规范性管理的措施

一、明确权利责任，严格规范档案内容

由上文了解到，档案管理在森林资源管理中占据着重要地位，代表着我国颁布《中华人民共和国森林法》对其赋予的责任，要求相关林业经营管理部门能积极构建相对完善的森林资源档案管理制度，有效提升自身档案管理水平。一般来说，良好规范性森林资源档案可真实准确反映出森林资源树木生长情况、实际数量及质量等信息，针对当前森林资源存在问题展开深入分析探讨，积极吸取和总结一些优秀工作经验，充分掌握档案管理技巧方法，便于提出更加科学合理的森林资源档案管理方案，便于为档案管理取得突出性成就奠定良好基础保障。同时森林资源档案管理部门还应为其配备相对专业的档案管理人员，主要负责该区域森林资源档案管理工作。森林资源涉及的信息资料主要包括调查设计、专项调查、设计规划、总体设计、实施方案、图表、说明及影像等，而森林资源档案管理涉及内容则包括生长变化表、统计表、资料基本图、档案卡片、资源调查科研结果及经营管理文件资料等。通常可将森林资源档案划分为以下几种等级，即为林管局、林业局及林场等，要求相关部门能做好分级管理工作，始终遵循实事求是工作原则，安排专业人士进行统一化负责，确保森林资源档案信息资料具备真实性、准确性及完整性等优势。

二、完善分级管理机制，全面收集森林资源信息

提高森林资源档案规范化管理水平的基础是全面掌握辖区内森林资源现状和森林资源消长变化动态。为此，必须及时、全面地收集森林资源状况信息，

建立起规范化、标准化的森林资源档案。在组织上，管理局要组织领导森林资源档案管理工作，所属林业局配设专门科室和工作人员具体实施操作。林业局下设的林场（管护所、站）要有专业的技术人员专职承担森林资源信息的采集、整理，负责日常管理工作。在管理方式上，实行分级统计报告机制，管理局负责归存各林业局统计上报的档案信息，并负责向上一级森林资源管理部门报送森林资源档案信息。林业局负责检查指导各林场（管护所、站）报送的各种森林资源档案信息资料，做好林业局级的森林资源档案情况整理，编写森林资源变化情况分析报告，并定期向上级主管部门报告森林资源档案信息。林场（管护所、站）负责整理统计辖区内森林资源现状及变化情况，并定期向林业局报告森林资源档案信息资料。在建档内容上，要分级建立森林资源档案卡片、簿册、森林资源消长变化统计表、基本图、林相图、规划图及资源变化图，保存固定样地和标准样地调查记录及其统计结果；要注意保存有关森林资源经营管理方面的文件资料和森林资源变化分析说明等资料。

三、构建健全管理制度，有效规范档案管理流程

一般来说，较为健全的档案管理制度是森林资源档案规范化管理水平提升的首要前提，因此森林资源管理部门需严格按照《森林资源档案管理办法》规定内容，充分考虑到当前实际情况，有效制定提出一系列规章制度，如统计报送制度、保管制度及档案信息收集制度等，做好森林资源档案信息资料的收集、整理、归档及分析等环节工作，充分保障档案资料的准确性和完整性。森林资源档案管理制度构建过程中最首要的便是统计报告制度，需逐级填写统计报告内容，做好检查审核操作，随后是文件建立管理制度，必须确保档案文件完全符合国家规定标准，最后则是原始纸质文档和电子文档保存制度，避免纸质档案出现损坏丢失或是电子档案受到病毒入侵等影响，促使森林资源档案规范化管理工作得以高效顺利实施。

四、利用现代信息技术，充分发挥档案作用

在以计算机网络、卫星通信为特征的信息时代，森林资源档案管理也要逐步实现信息化，采用诸如地理信息系统等软件平台管理档案信息，使森林资源档案更加及时准确地反映森林资源的数量、质量及消长动态，了解森林生态系统的现状和变化趋势。在充分利用现代信息化手段的同时，要充分利用好森林资源档案，发挥其积极作用，为森林经营管理和科学研究等提供准确的科学依据。森林资源档案管理部门应当按有关规定，在保密的前提下，为本系统和社会提供利用服务。

五、强化档案管理人员素质培育，提高档案管理水平

管理人员作为森林资源档案管理主体所在，往往发挥着至关重要的作用，为进一步提高档案管理人员专业水平，需档案管理部门通过各种途径对其展开系统化培训教育，借此使其技术能力得到有效增强。具体阐述如下：第一，尽可能选择林业知识较丰富且责任意识较强人员担任森林资源档案管理人员；第二，森林资源档案管理部门需挑选一些兼职管理人员。

建立了森林资源档案，就意味着资源档案管理工作的开始。如不进行及时的管理，由于时间及经营活动的开展，其森林资源不断发生变化，以往所记载的情况就会很快失去应有作用。因此，建立档案后，必须马上将森林资源的变动情况及时反映到档案中去。对下列资源变化，必须及时而准确地记入相应小班卡片中，并将变化情况标注在图面上，年终进行统计汇总和绘制变化图。修订变化项目有：①采伐引起的土地类别和林木资源变化；②火灾、病虫害、乱砍盗伐等引起的变化；③调整场界引起的变化；④抚育后幼树成长引起的变化；⑤林木自然生长引起的变化；⑥造林、更新引起荒山荒地的变化；⑦开矿、筑路、基本建设引起的变化；⑧其他原因引起的变化。

为了掌握林木自然生长量和枯损量，应该按不同林分类型、不同年龄、不同立地条件，选设有代表性的固定标准地或临时标准地。对天然林应每隔3～5年观测一次，人工林每2年就应观测一次。用标准地观测取得的材料来推算全林的蓄积量。这些标准地可以利用森林资源连续清查体系所设立的固定样地，如不能满足要求时可再增设补充。

总而言之，为实现森林资源档案规范化管理目标，相关管理部门就应积极构建相对完善的档案管理制度，严格约束档案管理人员自身行为，并且还需对其展开专业性培训教育，使其专业能力和责任意识均能得到大幅度增强，促使森林资源档案管理工作更加顺利展开，严禁档案管理信息资料出现不真实情况，从而为我国森林资源健康发展创造良好条件。

◆ 参考文献

柴金，2019. 森林资源档案的建立与管理［J］. 农家科技：中旬刊（3）：103-103.

陈有顺，1993. 森林资源档案初探［J］. 档案（6）：34-35.

高红，2011. 关于森林资源档案管理工作的思考［J］. China's foreign trade（16）.

隋国有，王国武，2005. 对加强森林资源档案管理工作的讨论［J］. 林业勘察设计（2）：22-23.

赵丽华，史广升，1996. 辽宁省集体林森林资源档案建立与管理的研究［J］. 林业资源管理（5）：8-10.

◆ **思考题**

(1) 简述森林资源档案的建立原则。

(2) 简述森林资源档案规范性管理的措施。

第九章　实　　验

实验一　测树工具的使用

一、目的

熟悉和掌握几种常用的测树工具的构造、原理及使用方法。

二、仪器、用具

轮尺、围尺、勃鲁莱测高器、超声波测高器、DQW-2 型望远测树仪、2 米测竿、记录夹、记录用表、计算工具。

三、仪器的构造、原理及使用方法

1. 测径器

（1）轮尺。轮尺构造十分简单，如图 9-1 所示，可分为固定脚、游动脚和测尺三部分。测尺的一面为普遍米尺刻度，一面为整化刻度。在森林调查中，为简化测算工作，通常将实际直径按上限排外法分组，所分的组称为径阶，用其组中值表示。径阶大小（组距）一般可以为 1 厘米、2 厘米或 4 厘米。当按 1 厘米、2 厘米或 4 厘米分组时，其最小径阶的组中值分别为 1 厘米、2 厘米或 4 厘米。径阶整化刻度的方法即是将各径阶的组中值刻在该径阶的下限位置。

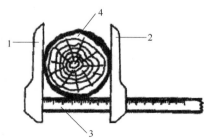

图 9-1　轮　尺

注：1-固定脚，2-游动脚，3-尺身，4-树干横断面。

使用注意事项：

①在测定前，首先检查轮尺，必须注意，固定脚与游动脚应当平行，且与尺身垂直。

②测径时，轮尺的三个面必须紧贴树干，读出数据后，才能从树干上取下轮尺。

③测立木胸径时，应严格按照 1.3 米的部位进行测定。如在坡地，应站在坡上部，确定树干上 1.3 米处的部位，然后再测量其直径。树木若在 1.3 米以下分叉时，按两株测算。

④当树干横断面不圆时，应测定相互垂直的两个直径，取平均数作为测定值。

（2）围尺（直径卷尺）。围尺有布围尺、钢围尺和蔑围尺三种，围尺上除标有普通米尺刻度外，还标有对应于圆周长空的直径刻度。

使用时，必须将围尺拉紧平围树干后，才能读数，应使尺围在同一水平面上，防止倾斜，否则，易产生偏大的误差。

2. 测高器　测高器的种类较多，但根据原理大体可分为两大类：一类是利用几何相似形原理设计的，如克里斯顿测高器、圆筒测高器等；另一类是利用三角原理设计的，如勃鲁莱测高器等。

（1）几何原理测高。如图 9-2 所示，当 $BC//B'C'$ 时，则有

$$E'C' = \frac{EC \times B'C'}{BC}$$

若 EC、$B'C'$ 为定长（一般 EC 用 2 米测竿，$B'C'$ 用 30 厘米测尺取代），则将 BC（树高）值代入上式，即可计算出相应的 $E'C'$ 值。若将一系列的 BC（树高）值刻画在相应的 $E'C'$ 位置，即可从测尺（$B'C'$）上直接读出树高（BC）值。

克里斯顿测高器就是利用上述关系设计的。使用时，只需将 2 米测竿垂直立于树基部（或在树干上标 2 米高度），然后，选择一个能同时望见树梢和树脚及 2 米测竿顶的地方，用大拇指和食指轻提仪器，让其自然下垂，与树干平行，屈伸手臂，使仪器上、下钩正好卡住树梢及树基，保持仪器和头部不动，迅速瞄准测竿顶端，这时，视线所通过的仪器刻度值即为树干的全高（图 9-3）。

这种测高器具有用法简单，携带方便，测高时不用量水平距离等优点，对 16 米以下的树木测定结果比较准确，但掌握不熟练时，可能出现较大的误差。

（2）三角原理测高。按三角原理设计的测高器，本质上都是一种测角器，多通过正切函数关系测算树高。较为常用的是勃鲁莱测高器（图 9-4、图 9-5）。其刻度盘上标有不同水平距离（15、20、30、40 米）时所对应的不同仰角和

俯角的树高值。

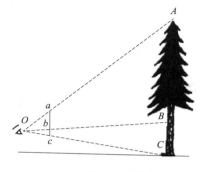

图 9-2　克里斯顿测高器测高原理示意

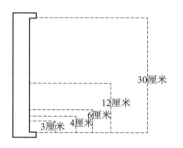

图 9-3　克里斯顿测高器及其刻度

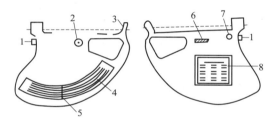

图 9-4　勃鲁莱测高器构造

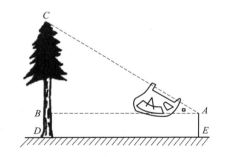

图 9-5　勃鲁莱测高原理

注：1-制动按钮，2-视距器，3-瞄准器，4-刻度盘，

5-摆针，6-滤色镜，7-启动钮，8-修正表。

测高时，首先选测某一水平距离，然后，分以下情况测算树高：

①在平地上测高。测者立于测点，按下仪器按钮，使指针自由下垂，用瞄准器对准树梢后，即按下制动钮，固定指针，在度盘上读出对应于所选测水平距离的数据 h，再加上测者眼高 l，即为树栓高 H，见图 9-6（a）。

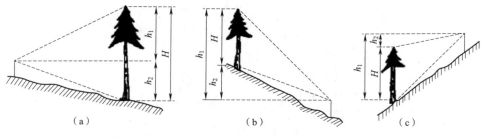

图 9-6　在坡地上测高

②在坡地测高。先观测树梢，求得 h_1，再观测树基，求得 h_2，若两次观测角度正负号相异时（仰角为正，俯角为负），见图 9-6（b），则树木全高 H 为

$$H = h_1 + h_2 = S\ (\tan\alpha + \tan\beta)$$

式中，S 为水平距离。

若两次观测角度正负号相同，见图 9-6（c），则树木全高 H 为

$$H = |h_1 - h_2| = S\ |\tan\alpha - \tan\beta|$$

这种测高器的优点是操作简单，易于掌握，在视角等于 45°时，精度较高，但需要测树木至测点的水平距离。

测高注意事项：

①测高时一定要两次读数之和（差）。

②测高的水平距离应尽量与树高相同。

③树高小于 5 米时不用测高器，而用测杆测定。

④对阔叶树不要误将树冠倒侧当作树梢。

3. 多用测树仪　近二三十年，多用途的综合性测树仪的研制取得了较大的进展，这类测树仪能测定树高、立木任意部位直径、水平距离、坡度、每公顷断面积等多种因子。我国常见的有 LC-1 型和 LC-2 型林分速测镜，DCW-3 型光学测树仪、DQW-2 型望远测树仪等。此处仅就 DQW-2 型望远测树仪作简要介绍。

DQW-2 型望远测树仪结构如图 9-7 所示。

原理是用显微投影的标尺，测量经望远镜放大了的目标，通过光学系统，成像在一个焦平面上，以相似形定理和三角函数作为测量原理。

使用时，将仪器固定在三脚架上，按下制动钮，待鼓轮静止后，通过目镜可见到圆形视场（图 9-8）被准线分为上下两部分。上半部是观测目标，下半部是测量各因子用的标尺。

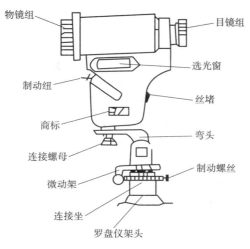

图 9-7　DQW-2 型望远测树仪　　　　图 9-8　圆形视场

（1）测水平距离。司尺员将视距尺一端顶到被测树干上，使尺面垂直于仪器观测方向，并力求水平（图 9-9），用仪器看视距尺，测距尺所夹视距尺的刻度数即为所测的水平距离（视距尺的最小格的值为 0.2 米），见图 9-10。

图 9-9　司　尺

图 9-10　测　距

（2）测树高。

①测立木全高（H）。原理与勃鲁莱测高器相同，即

$$H = B\,(C_1 + C_0) \quad （H 尺读数为异号时）$$

$$H = B\,|C_1 - H_0| \quad （H 尺读数为同号时）$$

式中：B——观测时水平距离的 1%（米）；

　　　C_1——观测树顶梢 H 尺上的读数（格）；

　　　C_0——观测树基部 H 尺上的读数（格）。

②标定中央直径的部位。当仪器对准中央直径时，H 尺的读数应该是

$$C_{\frac{1}{2}} = \frac{C_1 - C_0}{2} \quad (H\ 尺读数为异号时)$$

$$C_{\frac{1}{2}} = \frac{C_1 - C_2}{2} \quad (H\ 尺读数为同号时)$$

将此读数调至准线上，这时，准线与树干相截的位置即是中央直径部位。

③标定任意树高。H 尺的读数是：

$$C_n = \frac{H_n}{B} - C_0 \quad (H\ 尺读数为异号时)$$

$$C_{\frac{1}{2}} = \frac{H_0}{B} + C_0 \quad (H\ 尺读数为同号时)$$

式中：H_n——标定高度（米）。

将求得的 H 尺读数调至准线位置，此时，准线与树干相接处即为所要标定的树干高度。

（3）测树干直径。

$$D = BL$$

式中：L——测径尺读数（即条带数，窄条带为 1，宽条带为 10）；

B——观测时水平距离的 0.1%（厘米）。

DQW-2 型望远测树仪的其余功能，在以后的实验使用中可再作现场介绍。

四、实验组织安排

（1）实验时，先讲述各种仪器的构造、使用方法及测高原理。

（2）实验之前，选取 10～15 株树进行编号，并用精度较高的仪器（如经纬仪等）测树高，作为树高实际值，以求算测定误差。

五、思考题

（1）为什么要进行轮尺刻度整化？若起测直径为 6 厘米时，试以 4 厘米为一径阶说明整化刻度法。

（2）比较各种测高器的优缺点。

（3）当你只有一直尺或三角板时，怎样用它来测高？说明原理及方法。

六、实验报告

提交测径、测高及误差计算结果（表 9-1）。

表 9-1　树木胸径、树高测定计算

编号	胸径测定				树高测定				
	轮　　尺			围尺	实际高	超声波测高器		勃鲁莱测高器	
	第一方向	第二方向	平均			全高	误差（%）	全高	误差（%）
1									
2									
3									
4									
5									
6									
7									
8									
9									
10									
11									
12									
13									
14									
15									

实验二　树木年龄的测算

一、目的

掌握树木年龄的测定方法。

二、仪器及工具

圆盘、直尺、大头针、生长锥等。

三、方法步骤

1. 年轮法　在正常情况下，树木每年形成一个年轮，直接查数树木根颈位置的年轮数就是树木的年龄。如果查数年轮的断面高于根颈位置，则必须将数得的年轮数加上树木长到此断面高所需的年数才是树木的总年龄。树干任何高度横断面上的年轮数只是表示该高度以上的年数。

2. 生长锥测定法 当不能伐倒树木或没有伐桩查数年轮时，可以用生长锥查定树木年龄。生长锥（Increment Borer）是测定树木年龄和直径生长量的专用工具。

生长锥的使用方法：先将锥筒装置于锥柄上的方孔内，用右手握柄的中间，用左手扶住锥筒以防摇晃。垂直于树干将锥筒先端压入树皮，而后用力按顺时针方向旋转，待钻过髓心为止。将探取杆插入筒中稍许逆转再取出木条，木条上的年龄数，即为钻点以上树木的年龄。加上由根颈长至钻点高度所需的年数，为树木的年龄。

3. 查数轮生枝法 有些针叶树种，如松树、云杉、冷杉等，一般每年在树的顶端生长一轮侧枝，称为轮生枝。这些树种可以直接查数轮生枝的环数及轮生枝脱落（或修枝）后留下的痕迹来确定年龄。由于树木的竞争，老龄树干下部侧枝脱落（或树皮脱落），甚至节子完全闭合，其轮枝及轮枝痕不明显，这种情况可用对比附近相同树种小树枝节树木的方法近似确定。用查数轮生枝的方法确定幼小树木（人工林小于 30 年，天然林小于 50 年）的年龄十分精确，对老树则精度较差。但树木受环境因素或其他原因，有时出现一年形成二层轮枝的二次高生长现象。因此，使用此方法要特别注意。

4. 查阅造林技术档案或访问的方法 这种方法对确定人工林的年龄是最可靠的方法。

5. 碳 14 测定 在树木上取样，做碳 14 测定，判断树木年龄。这样做需要科技投入，时间投入较多，但是较为准确。

6. CT 扫描 CT 扫描最为快捷准确，但是设备庞大且较贵，操作不方便。

四、实验报告

每人采用年轮法和查数轮生枝法测定针叶树和阔叶树的年龄。

实验三 标准地调查

一、目的

（1）初步掌握标准地外业调查技术和内业计算方法。
（2）学习目测方法。

二、仪器及工具

罗盘仪、2 米测竿、测绳、皮尺、轮尺（或围尺）、勃鲁莱测高器（或其他测高器)、记录夹、记录用表、森林调查工作手册、粉笔、方格纸、计算工具等。

三、方法步骤

本实验分组进行,每小组 4~6 人。

(一)外业

1. 选择标准地的基本原则

(1)在哈尔滨实验林场对所调查林分作全面踏查,掌握林分的特点,选出具有代表性的,即林分特征及立地条件一致的地段设置标准地。

(2)标准地不能跨越河流、道路或伐开的调查线,且应远离林缘。

(3)标准地面积:以标准地上林木株数的多少为标准。如近熟和成熟林应有 100 株以上,中龄林 150 株以上,幼龄林 200 株。一般先用 400 米² 的小样方查数株数,再按上述标准推算满足要求的标准地面积。

(4)标准地形状:一般用矩形或方形。

2. 标准地境界测量

(1)用罗盘仪测角,用皮尺或测绳量距离。坡度 5 度以上应改算为水平距,相对闭合差一般要求不超过各边总长的 1/200。相对闭合差 $= \dfrac{绝对闭合差(米)}{相对闭合差(米)}$。

(2)设置固定标准地时应将标准地与已知测线明显地物标相联,并在标准地调查簿上绘略图,以便日后查找。

(3)在标准地四角埋设标桩。埋桩时,其写字面要朝向标准地的角线方向。

标桩规格:永久标准地标桩,用针叶树剥皮制作,粗 20 厘米,长 1.5 米,埋入地下 70 厘米。流水帽砍成圆锥形,流水帽下隔 5 厘米以下砍出写字面,长 25 厘米,宽 15 厘米。用铅油写出标准地号、标准地面积及设年月日。临时标准地的标桩,粗 12~14 厘米,长 1.2 米,埋入地下 50 厘米。

3. 标准地调查

(1)每木调查。在标准地内分树种、活立木、枯立木、倒木,测定每株树木的胸径的工作,称为每木调查(或每木检尺)。

①径阶大小的确定:林分平均直径 6~12 厘米,采用 2 厘米为一径阶;林分平均直径在 12 厘米以上,以 4 厘米为一径阶,人工林可用 1 厘米为一径阶。

②确定起测径阶:检尺时最小径阶称为起测径阶,小于起测径阶的树木称为幼树。一般调查时,天然成过熟林起测径阶为 8 厘米,中龄林 4 厘米,人工幼林 1 或 2 厘米。

③划分材质等级：

a. 用材部分占全树高 40％以上者为经济用材树。

b. 用材部分长度在 2 米（针）或 1 米（阔）以上，而小于全高 40％者为半经济用材树。

c. 用材部分在 2 米（针）或 1 米（阔）以下者为薪材树。

在实际工作中一般只分用材树和薪材树。半经济用材树的 60％记入经济用材树，40％记入薪材树。但需另计枯立木和倒木以供计算枯损量。

④每木检尺：

三人一组，二人测胸径，一人记录并作记号。测径时，必须分树种、材质等级和径阶进行，同时应分林层进行。在坡地应沿等高线方向进行，在平地沿 S 形方向测量。测径时应注意：

a. 必须测定距地面 1.3 米处直径，在坡地量测坡上 1.3 米处直径。

b. 轮尺必须与树干垂直且与树干三面紧贴，测定胸径并记录后，再取下轮尺。

c. 遇干形不规整的树木，应垂直测定两个方向的直径，取其平均值。在 1.3 米以下分叉者应视为两株树，分别检尺。

d. 测定位于标准地境界上的树木时，本着"北要南不要，取东舍西"的原则。

e. 测者每测一株树，应报出该树种、材质等级及直径大小，记录者应复诵。凡测过的树木，应用粉笔在树上向前进的方向作出记号，以免重测或漏测。

在固定标准地调查时，一律采用 1 厘米一径阶或记实际胸径，每木检尺要分树种、健康木、病腐木或生长级记录，每株树应编号，并在其 1.3 米处作上记号（如 T），以利于下次复测，测定精度 0.10 米。

（2）测树高。

①测高的主要目的是为确定各树种的平均高。应分树种和径阶测树高，主要树种应测 15～30 株，中央径阶多测，两端逐次少测。凡测高的树木应实测其胸径和树高，将所测结果记入测高记录表中，通过绘制树高曲线图，由林分平均直径查出林分平均高。亦可用数式法回归计算。

②对其他次要树种可选 3～5 株相当于平均直径大小的树木测高，取其平均值为平均高。

③优势木测高规定：

a. 标准地每 100 米² 测一株树高最高、树冠完整的树木；

b. 将标准地大致分为几个小区，每区选一优势木测高；

c. 优势木平均高 $\overline{H_{优}} = \dfrac{\sum\limits_{i=1}^{n} H_{优i}}{n}$ 。

④用勃鲁莱测高器测高，精确到 0.5 米。幼林可用特制测竿测高，必须有专人观察测竿是否正确达树顶，不得由持竿人在树下估计，用测竿测高精确到 0.1 米。

⑤树冠测定：

对测高，样木要测枝下高（H_b）和冠幅（C_w）。枝下高精确到 0.5 米。冠幅要求按东西、南北两个方向量测，精确到 0.1 米。

⑥将测高样木的量测值（胸径、树高、枝下高及冠幅），按径阶填入测高记录表。优势木测高值填入表中。

（3）测定树木年龄。

①采用查数伐根上的年轮数，或采用生长锥等其他方法确定接近平均直径树木的年龄。混交林只确定优势树种的年龄。

②有些树种的幼树可以数轮枝确定年龄时，应加上生长达最基部一个轮生枝高度的年数。

（4）测定郁闭度。

①标准地的两对角线上树冠覆盖的总长度与两对角线的总长之比，作为郁闭度的估测值。或在标准地内机械设置 100 个样点，在各点上确定是否被树冠覆盖，总计被覆盖的点数，并计算其频率，将此频率作为郁闭度的近似值。

②树冠投影法：在方格纸上绘制标准地树冠投影图，从图上求出投影面积和准地面积，用下式计算

$$\rho_c = \frac{S_C}{S_T} \times 100 = \left(1 - \frac{S_O}{S_T}\right) \times 100$$

式中：ρ_c——郁闭度；

$\quad\quad\ S_C$——林冠投影面积；

$\quad\quad\ S_O$——林冠空隙面积；

$\quad\quad\ S_T$——标准地面积。

（5）选伐标准木（样木）和解析木。

①根据平均木或不同的调查目的选取标准木或解析木。将标准木所在林分状况记入标准木卡片。

②选出的标准木测定其胸径，树冠的东西、南北长度，记载树木生长情况，然后伐倒，伐根不超过胸径 1/3。查数伐根上的年轮数，测定心材直径、

被压期间年轮数和大小及其病腐情况。

③实测树高（精度 0.1 米），树冠长度，树高 1/4、1/2、3/4 处的带皮和去皮直径，测胸径和 1/2 处直径，测最近 10 年（或 5 年）的直径生长量及胸径最后 1 厘米的年轮数。

④以 2 米（或 1 米）为区分段，进行区分求积。作树干解析时，应在伐根、胸径，各区分段中央直径及梢端处截取圆盘。如不作树干解析，则在胸径和各区分段中央直处测定最近 10 年（或 5 年）直径生长量。

⑤用目测截断法测定最近 10 年（或 6 年）树高生长量。

⑥根据木材规格对标准木合理造材，将各材种名称、大小记载入"标准木卡片"。

（6）地形地势、植被、土壤、更新及病虫害的记载与调查。

①记载标准地的坡位（上、中、下及谷地）、坡向（用象限角记载）、坡度（以度为单位）和海拔。

②植被调查方法：林下植被的描述与分析是森林植被调查的一个重要方面，是研究林分分类、动态及生产力不可缺少的基础性工作。主要调查记载林内有哪些植被种植（草本）及其生长状况、分布情况、高度、覆盖度，林缘的植物情况；是否有地被物（苔藓、地衣）以及死地被物（枯枝落叶层）的情况。用样方调查：标准地内四角及中心各设一块 1 米×1 米的样方。设置好样方后，要估测一下总盖度、营养苗（即仅带枝叶的营养体）及生殖苗（具花或果实的苗）的平均高度。记录样方内所出现的全部植被名称。对每种植被进行如下数量指标调查：

a. 密度。密度是与多度意义相近的一个指标。它是指单位面积内某种植物的个体数目。测时即数每平方米样方内所测植物的株（或丛）数。

b. 盖度。盖度指植物地上部分（枝叶）的垂直投影，以覆盖面积的百分比表示（它相当于林业上所用的郁闭度）。盖度可分种盖度（又叫分盖度）、层盖度及总盖度（群落盖度）。要求测定每种植物的种盖度（由于植物枝相互重叠，各种植物的种盖度之和常大于总盖度）。

c. 高度。植物高度说明植物的生长情况、竞争和适应能力。对每种植物种高度的测定，应分营养苗及生殖苗分别测定，注意测量的自然高度应取平均值。

d. 物候相。物候相指植物随气候条件按时间有规律地变化而表现出的按一定顺序的发育期，可分营养期、花蕾期、开花期、结实期和果后营养期等几个阶段（表 9-2）。

表 9-2　指标调查记录

树种名称	盖度(%)	多度	平均高度(厘米)	物候相	生活力	分布密度(株丛/米²)
山刺玫	3	Un	50	果后营养	中	8
野豌豆	7	Sol	50	果	强	1
......						

多度采用德鲁全法记载：

Cop^3——植物覆盖 50％以上（分布很多）；

Cop^2——植物覆盖 25％～50％（分布较多）；

Cop^1——植物覆盖 5％～25％（分布中等）；

Sp——植物覆盖 5％以下（稀疏、散生）；

Sol——少；

Un——单株状态；

Soc——分布均匀；

Gr——分布不均（块状）。

e. 生产力。生产力指植物的生长状况，它是一个相对指标，可分强、较强、中等、较弱及弱。将植被（幼树、下木及活地被物）调查结果，填入表中。

③土壤调查：在标准地内选择有代表性的位置，挖土坑，记载土壤剖面（详见土壤调查表）。

④更新调查：可用小样方或其他方法调查与记载树种、年龄、平均高、分布状况及密度等。

⑤病虫害及其他情况的记载。

（7）清理林场，以保持林内环境卫生。

4. 进行目测练习

（1）对本组标准地的主要测树因子作目测估计，将目测结果记入"标准地调查簿"封面的其他栏内。在内业计算出标准地各调查因子后进行比较。

（2）如时间允许，可在各组标准地内业完成后，由教师带领在每块标准地上先由学生目测，再宣布实测结果，培养学生的目测能力。

（二）内业

内业主要是标准地材料的计算与整理。其内容是：

1. 标准木各调查因子的计算

（1）用区分求积法计算标准木带皮、去皮及 10 年前的材积。

（2）材积生长量的计算。

$$总平均生长量＝\frac{V_a}{C}$$

$$连年生长量＝\frac{V_a-V_{a-n}}{n}$$

（3）胸径、树高、材积生长率的计算。

$$\rho_T=\frac{T_a-T_{a-n}}{T_a+T_{a-n}}\times\frac{200}{n}$$

（4）计算形数。

$$f=\frac{V}{g_{1.3}h}$$

（5）计算形率。

$$g_i=\frac{d_i}{d_{1.3}}$$

式中，d_i 为 $H/4$、$H/2$、$3H/4$ 处的直径。

（6）计算树皮材积及树皮率。

$$树皮材积＝V_{带皮}-V_{去皮}$$

$$树皮率（\%）=\frac{V_皮}{V_{带皮}}$$

（7）材种材积的计算。

2. 标准地各调查因子的计算

（1）林分平均直径。

①计算林分平均直径。

$$D_g=\sqrt{\frac{\sum_{i=1}^{n}D_i^2}{N}}$$

②单纯同龄林分直径结构规律的分析。

a. 正态分布规律的验证：在方格纸上，以横轴表示径阶，纵轴表示株数，把每木调查所得的各径阶株数点绘于图上，连接各点得折线图，观察该林分的直径分布状态。

b. 求算林分最大径阶和最小径阶之组中值与林分平均直径之比值。

（2）林分平均高。

①以林分平均直径在树高曲线图上查出相应的树高为林分平均高。用各径阶中值在曲线图上查出各径阶平均高。

②优势木平均高，以优势木的算术平均高作为上层木平均高。

③求算最大、最小树高与林分平均高的比值并观察其范围大小。

（3）平均年龄。以标准木年龄的算术平均值作为平均年龄。

（4）每公顷株数与断面积的换算。将标准地各树种的株数与断面积分别被标准地面积除，即换算成每公顷株数与断面积。

（5）蓄积量。

（6）树种组成。按各树种蓄积量（或断面积）占总蓄积量（或总断面积）的成数计算，并用十分数表示（如8落2桦）。

（7）疏密度。

$$疏密度 = \frac{标准地断面积（或蓄积量）}{标准表上断面积（或蓄积量）}$$

（8）标准地各径阶材积及材种出材率的计算。

①根据林分平均年龄、平均高，查地位级表，确定地位级。

②根据优势树种平均年龄及上层木平均高，查该树种地位指数表，确定地位指数。

以上是以单纯同龄林为例，说明标准地调查及其调查因子的测定。如为复层林，则应先测各森林分子的调查因子，再确定林层的调查因子。

四、思考题

（1）标准地调查法有何用途？标准地调查的关键性步骤是什么？

（2）根据你所设测的标准地计算结构，简述一下该林分的特点和生长情况。

五、实验报告

以小组为单位提交外业调查和内业计算的全部结果（表9-3至表9-6）。

表 9-3 标准地调查簿

标准地号：

树种	起源	平均年龄	平均直径	平均树高	优势木高	地位指数	树种组成	郁闭度	蓄积量		材种出材量	材积生长
									活立木	枯立木		

林业局＿＿＿ 林场＿＿＿

林 班＿＿＿ 小班＿＿＿

标准地详细位置(GPS定位)

东经：

北纬：

环境因子调查记录

项 目	实测值	分 级
土壤名称		
土壤厚度(厘米)		小于30,30～50,50～80,大于80
A层厚度(厘米)		小于15,15～25,大于25
石砾含量(%)(大于0.5米)		
坡度		小于5度,5～15度,16～25度,大于25度 小于25度,25～50度,大于50
坡向		阴,阳,半阴,半阳
坡位		脊,上,中,下,平
地形		山坡,山脊,平地,谷底
海拔		
其他		
郁闭度测定		对角线总长或对角线上树冠冠幅总长

标准地略图：在图上注明各边之

方位角及边长(米),指北方向

标准地面积：＿＿＿公顷

表 9-4　每木检尺及测高记录

标准地号：＿＿＿＿＿＿

树号	状态	直径（厘米）	树高（米）	枝下高（米）		冠幅（米）				坐标（米）	
				死枝	活枝	东	南	西	北	X轴	Y轴
1											
2											
3											
4											
5											
6											
7											
8											
9											
10											
11											
12											
13											
14											
15											
16											
17											
18											
19											
20											

树种：＿＿＿＿＿＿

树号	状态	直径（厘米）	树高（米）	枝下高（米）		冠幅（米）				坐标（米）	
				死枝	活枝	东	南	西	北	X轴	Y轴
21											
22											
23											
24											
25											
26											
27											
28											
29											
30											
31											
32											
33											
34											
35											
36											
37											
38											
39											
40											

调查日期：　　年　　月　　日　　　　　　调查者：

表 9-5 标准地土壤调查

标准地号：＿＿＿＿

土壤剖面号：＿＿＿＿　　剖 面 位 置：＿＿＿＿　　号　岩：＿＿＿＿
土壤当地名称：＿＿＿＿　　土壤确定名称：＿＿＿＿

剖面图	土壤层次		剖面记载											备注
	符号	厚度	颜色	结构	紧密度	湿度	机械组成	植物根	新生体	侵入体	pH	碳酸钙	层次过渡特征	其他	

调查者：＿＿＿＿

调查日期：＿＿＿＿

表9-6 标准地植被调查

植被一般特征：＿＿＿＿＿＿

植被类型：＿＿＿＿＿＿

林间空地或林缘植物状况：＿＿＿＿＿＿　　林下植被状况：＿＿＿＿＿＿

样方面积：＿＿＿＿＿＿　　地被层状况：＿＿＿＿＿＿

样方调查记载　　样方号：＿＿＿＿＿＿

植物种名	密度（株丛/米²）	盖度（%）	平均高度（厘米）		物候相	生活力
			营养苗	生殖苗		

样方调查记载　　样方号：＿＿＿＿＿＿

植物种名	密度（株丛/米²）	盖度（%）	平均高度（厘米）		物候相	生活力
			营养苗	生殖苗		

调查日期：　　　　　　　　　　　　　　调查者：

实验四 树干解析

一、实验目的

（1）掌握树干解析的基本工作程序和计算方法。

（2）进一步理解各种生长量的意义，加深对树木生长过程的认识。

二、仪器、用具

伐木工具（锯、砍刀）、皮尺、围尺、粉笔、记号笔、铅笔、三角板或直尺、大头针、计算器或计算机、方格纸、用表等。

三、方法、步骤

为了研究不同树种或不同立地条件下的同一树种的生长过程及特点，往往采取"解剖"的方法，把树木区分成若干段，锯取圆盘，进而分析其胸径、树高、材积、形数的生长变化规律，我们把这种方法称为树干解析，作为分析对象的树干，称为解析木。树干解析是当前研究树木生长过程的基本方法。

树干解析的工作可分为外业和内业两大部分。

1. 树干解析的外业

（1）解析木的选择。可根据研究目的来选择，如研究某一树种的一般生长过程，可选生长正常、未断梢及无病虫害的平均木；为了研究树木生长与立地条件的关系或编制立地指数表，可以选择优势木；若要研究林木受病虫危害的情况，则应在病腐木中选择解析木。

（2）解析木的伐前工作。

①记载解析木的生长环境，这是分析林木生长变化不可缺少的重要资料。应记载的项目包括解析木所处的林分状况，立地条件，解析木所属层次，发育等级和与相邻木的相互关系等，并绘制解析木及其相邻木的树冠投影图，填写"树干解析表"。

②确定根颈位置，用粉笔标明胸高位置及树干的北向，并分东西、南北方向量测冠幅。

（3）解析木的伐倒和测定。

①砍伐时，先选择适当倒向，并作相应的场地清理，以利于伐倒后测量和锯解工作的进行。然后，从根颈处下锯，伐倒解析木。

②解析木伐倒后，先测定胸径、冠长、死枝下高、活枝下高、树干全长及

全长的 1/2、1/4 及 3/4 处的直径，然后打去枝丫，用粉笔在全树干上标出北向。

③按伐倒木区分求积的方法，将解析木分段，为操作及计算材积方便起见，采用中央断面区分求积法分段。

（4）截取圆盘及圆盘编号。在树干各区分段的中点位置截取圆盘，树高在 12 米以上时，按 2 米区分，树高在 12 米以下时，按 1 米区分。最后一段为梢头。同时，为了确定树干年龄及内业分析时的需要，还必须在根颈处、胸高处及梢底处分别截取圆盘。如解析木树高 13.5 米，按 2 米分段，则需要在距根颈 0、1、1.3、3、5、7、9、11、12 米处截取圆盘，其中 0 米处为根颈位置，1.3 米处为胸径位置，梢头长为 1.5 米，12 米处为梢底位置。

截取圆盘时应注意下述事项：

①截取圆盘时要尽量与树干垂直，不应偏斜。

②圆盘向地的一面要恰好在各区分段标定的位置上，以该面作为工作面。

③圆盘厚度一般在 3～5 厘米即可，直径大的可适当加厚。

④锯解时，尽量使断面平滑。

⑤每个圆盘锯下后，应立即在非工作面编号，一般以分数形式表示，分子上标明解析木号，分母上标明圆盘号和断面高度，并标明南、北方向。根颈处的圆盘为"0"号，然后用罗马字母依次向上顺序编号。在"0"号盘上要记载树种、采集地点和日期等，见图 9-11。

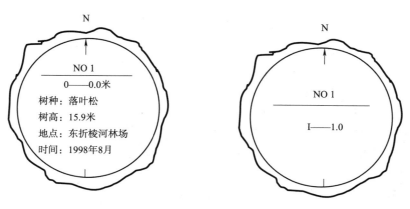

图 9-11　圆盘编号

2. 树干解析的内业工作

（1）圆盘的加工。为了准确查数圆盘上的年轮数，应将各号圆盘工作面刨光，然后，通过髓心划出南北和东西两条相互垂直的方向线。

（2）确定解析木年龄。在"0"号圆盘上，分别沿各条半径线查数年轮数，待四条半径线上的年轮数完全一致后，用此确定树木的年龄。如果伐根部位较高，须加上生长此高度所需的年数。

（3）划分龄阶，量测各龄阶的直径。

①按树木的年龄大小、生长速度及分析树木生长的细致程度确定龄阶大小，一般可以定为3年、5年或10年，本实习以3年为一个龄阶。

②用大头针在"0"号圆盘的各条半径由髓心向外标出各龄阶的位置。其余圆盘自外向内标出各龄阶的位置，若有不完整龄阶，则先将不完整龄阶留在圆盘最外围，再向内逐一标出各完整龄阶。如32年生的树木，以5年为一龄阶，其龄阶划分为32、30、25、20、15、10、5年。

③确定龄阶后，用直尺分别在各圆盘东西和南北两方向线上量取各龄阶最后期间的去皮和带皮直径，平均后，即为该圆盘各龄阶的直径，将各龄阶直径填入"直径、树高及材积生长过程分析表"。

（4）确定各龄阶的树高。树木年龄与各圆盘的年轮数之差，即为达此断面高度的年龄。以断面高为纵坐标，以达此高度所需的年龄为横坐标，绘出树高生长过程曲线（折线不修匀）。各龄阶树高，可以从曲线上直接查出。

（5）绘制树干纵剖面图。以直径为横坐标、以树高为纵坐标，在各断面高的位置上，按各龄阶直径大小绘纵剖面图。纵剖面图的直径与高度的比例要恰当。纵剖面图有利于直观认识树干的生长情况。

（6）计算各龄阶材积。各龄阶材积等于各区分段材积与梢头材积之和，其梢头长度等于各龄阶树高减去梢头底端断面高度。

（7）计算各种生长量及材积生长率。将"直径、树高及材积生长过程分析表"中胸径、树高和材积按龄阶分别抄录于"树干生长过程总表"中，作为调查因子的总生长量，然后，分各调查因子计算各龄阶的平均生长量、连年生长量、材积生长率及形数。

①平均生长量。

$$\theta = \frac{V_a}{a}$$

②连年生长量。

$$Z = \frac{V_a - V_{a-n}}{n} \quad （用定期平均生长量代替）$$

③材积生长率。

$$P_v = \frac{V_a - V_{a-n}}{V_a + V_{a-n}} \times \frac{200}{n} \quad （普雷斯勒式等，1987）$$

④形数。

$$f_{1.3} = \frac{V}{g_{1.3}h}$$

（8）绘制各种生长曲线图。利用生长过程总表中计算出的数据，绘制各种生长过程曲线、材积连年生长量和平均生长量关系曲线及材积生长率曲线，共7个图。但在绘连年生长量和平均生长量关系曲线时，由于连年生长量是由定期平均生长量代替的，应以定期中点的年龄为横坐标定点作图。

（9）以解析木的资料为基础，根据其调查目的和专业知识，进行综合分析。

附录 森林资源规划设计调查主要技术规定

第一章 总 则

第一条 调查目的与任务

为了统一全国森林资源规划设计调查的技术标准，规范调查范围、内容、程序、方法、深度和成果等技术要求，依据《中华人民共和国森林法》第十四条、《中华人民共和国森林法实施条例》第十一条、第十二条等制定本规定。

森林资源规划设计调查（简称二类调查）是以国有林业局（场）、自然保护区、森林公园等森林经营单位或县级行政区域为调查单位，以满足森林经营方案、总体设计、林业区划与规划设计需要而进行的森林资源调查。其主要任务是查清森林、林地和林木资源的种类、数量、质量与分布，客观反映调查区域自然、社会经济条件，综合分析与评价森林资源与经营管理现状，提出对森林资源培育、保护与利用意见。调查成果是建立或更新森林资源档案，制定森林采伐限额，进行林业工程规划设计和森林资源管理的基础，也是制定区域国民经济发展规划和林业发展规划，实行森林生态效益补偿和森林资源资产化管理，指导和规范森林科学经营的重要依据。

第二条 调查范围与内容

一、调查范围

森林经营单位应调查该单位所有和经营管理的土地，县级行政单位应调查县级行政范围内所有的森林、林木和林地。

二、调查内容

（一）调查基本内容包括：

1. 核对森林经营单位的境界线，并在经营管理范围内进行或调整（复查）经营区划；

2. 调查各类林地的面积；

3. 调查各类森林、林木蓄积；

4. 调查与森林资源有关的自然地理环境和生态环境因素；

5. 调查森林经营条件、前期主要经营措施与经营成效。

（二）下列调查内容以及调查的详细程度，应依据森林资源特点、经营目标和调查目的以及以往资源调查成果的可利用程度，由调查会议具体确定：

1. 森林生长量和消耗量调查；

2. 森林土壤调查；

3. 森林更新调查；

4. 森林病虫害调查；

5. 森林火灾调查；

6. 野生动植物资源调查；

7. 生物量调查；

8. 湿地资源调查；

9. 荒漠化土地资源调查；

10. 森林景观资源调查；

11. 森林生态因子调查；

12. 森林多种效益计量与评价调查；

13. 林业经济与森林经营情况调查；

14. 提出森林经营、保护和利用建议；

15. 其他专项调查。

第三条 调查会议制度

一、森林资源规划设计调查实行调查会议制度。

二、调查前，开展规划设计调查的经营单位由该单位的上级主管部门主持，县级行政单位由上级政府林业主管部门会同县级人民政府共同主持召开第一次调查会议，召集政府有关部门、经营单位、调查承担单位，以及与当地森林开发、经营、利用关系密切的单位参加。组织、协调、确定规划设计调查的重大事项，落实调查经费，讨论、审定调查工作方案和技术方案，明确调查工作中各部门、各单位的任务和责任。

三、调查结束后，经营单位的规划设计调查成果由该单位的上级主管部门主持，县级行政单位调查成果由上级政府林业主管部门和县级人民政府共同主持，召开由有关专家和相关部门参加的第二次调查会议，对调查成果进行审核。调查成果经审核通过后，按规定程序上报、批准后方可使用。

第四条 各省（区、市）林业主管部门于每年12月份将本省（区、市）开展森林资源规划设计调查的基本情况进行汇总，上报国务院林业主管部门。

第五条 调查间隔期

森林资源规划设计调查间隔期一般为10年。在间隔期内可根据需要重新调查或进行补充调查。

第六条 调查承担单位资质

一、森林资源规划设计调查必须由具有林业调查规划设计资格证书的单位承担。对非持证单位完成的调查成果，森林资源管理部门不予承认。

二、对林地面积在 10 万公顷以上，或者速生丰产林、工业原料林基地 1 万公顷以上的单位，需委托具有乙级以上林业调查规划设计资质的单位承担。

三、其他单位的调查应由具有丙级以上林业调查规划设计资质的单位承担。

第七条　采用本规定之外的调查新技术、新方法时，调查承担单位应事先提出实施细则（或实施方案），并向所在省（区、市）林业主管部门提出申请，经审批并报送国务院林业主管部门备案后，方可在调查中应用。使用新技术和新方法调查的成果应符合本技术规定。

第八条　跨行政区域和经营范围的各项林业工程开展森林资源规划设计调查应参照本规定执行。各省（区、市）可在本规定基础上，结合当地具体情况制定相应的技术规定（实施细则），报国务院林业主管部门备案。

第二章　技术标准

第九条　地类

一、分类系统

森林资源规划设计调查的土地类型分为林地和非林地两大地类。其中，林地划分为 8 个地类，见附表 1。

附表 1　林地分类系统

序号	一级	二级	三级
1	有林地	乔木林	纯林
			混交林
		红树林	
		竹林	
2	疏林地		
3	灌木林地	国家特别规定灌木林	
		其他灌木林	
4	未成林造林地	人工造林未成林地	
		封育未成林地	
5	苗圃地		
6	无立木林地	采伐迹地	
		火烧迹地	
		其他无立木林地	

（续）

序号	一级	二级	三级
7	宜林地	宜林荒山荒地	
		宜林沙荒地	
		其他宜林地	
8	辅助生产林地		

二、技术标准

（一）林地

1. 有林地：连续面积大于 0.067 公顷、郁闭度 0.20 以上、附着有森林植被的林地，包括乔木林、红树林和竹林。

（1）乔木林：由乔木（含因人工栽培而矮化的）树种组成的片林或林带。其中，乔木林带行数应在 2 行以上且行距≤4 米或林冠冠幅水平投影宽度在 10 米以上；当林带的缺损长度超过林带宽度 3 倍时，应视为两条林带；两平行林带的带距≤8 米时按片林调查。

乔木林分为纯林和混交林：

①纯林：一个树种（组）蓄积量（未达起测径级时按株数计算）占总蓄积量（株数）的 65% 以上的乔木林地。

②混交林：任何一个树种（组）蓄积量（未达起测径级时按株数计算）占总蓄积量（株数）不到 65% 的乔木林地。

（2）红树林：生长在热带和亚热带海岸潮间带或海潮能够达到的河流入海口，附着有红树科植物和其他在形态上和生态上具有相似群落特性科属植物的林地。

（3）竹林：附着有胸径 2 厘米以上的竹类植物的林地。

2. 疏林地：附着有乔木树种，连续面积大于 0.067 公顷、郁闭度在 0.10～0.19 的林地。

3. 灌木林地：附着有灌木树种或因生境恶劣矮化成灌木型的乔木树种以及胸径小于 2 厘米的小杂竹丛，以经营灌木林为目的或起防护作用，连续面积大于 0.067 公顷、覆盖度在 30% 以上的林地。其中，灌木林带行数应在 2 行以上且行距≤2 米；当林带的缺损长度超过林带宽度 3 倍时，应视为两条林带；两平行灌木林带的带距≤4 米时按片状灌木林调查。

（1）国家特别规定灌木林：按照国家林业局关于参加森林覆盖率计算灌木林的有关规定执行。

（2）其他灌木林：不属于国家特别规定的灌木林地。

4. 未成林造林地：

（1）人工造林未成林地：人工造林（包括植苗、穴播或条播、分殖造林）和飞播造林（包括模拟飞播）后不到成林年限，造林成效符合下列条件之一，分布均匀，尚未郁闭但有成林希望的林地：

①人工造林当年造林成活率 85% 以上或保存率 80%（年均等降水量线400 毫米以下地区当年造林成活率为 70% 或保存率为 65%）以上；

②飞播造林后成苗调查苗木 3 000 株/公顷以上或飞播治沙成苗 2 500 株/公顷以上，且分布均匀。

（2）封育未成林地：采取封山育林或人工促进天然更新后，不超过成林年限，天然更新等级中等以上，尚未郁闭但有成林希望的林地（附表2）。

附表 2　不同营造方式成林年限

单位：年

营造方式		400 毫米年降水量以上地区				400 毫米年降水量以下地区	
		南方		北方			
		乔木	灌木	乔木	灌木	乔木	灌木
封山育林		5～8	3～6	5～10	4～6	8～15	5～8
飞播造林		5～7	4～7	5～8	5～7	7～10	5～7
人工造林	直播	3～8	2～6	4～10	3～6	4～10	4～8
	植苗、分殖	2～5	2～4	2～6	2～5	3～8	3～6

注：①慢生树种取上限，速生树种取下限；

②大苗造林、工业原料用材林由各省（区、市）自行规定；

③青藏高原参照北方地区。

5. 苗圃地：固定的林木、花卉育苗用地，不包括母树林、种子园、采穗圃、种质基地等种子、种条生产用地以及种子加工、储藏等设施用地。

6. 无立木林地：

（1）采伐迹地：采伐后保留木达不到疏林地标准、尚未人工更新或天然更新达不到中等等级的林地。

（2）火烧迹地：火灾后活立木达不到疏林地标准、尚未人工更新或天然更新达不到中等等级的林地。

（3）其他无立木林地：

①造林更新后，成林年限前达不到未成林造林地标准的林地；

②造林更新到成林年限后，未达到有林地、灌木林地或疏林地标准的林地；

③已经整地但还未造林的林地；

④不符合上述林地区划条件，但有林地权属证明，因自然保护、科学研究

等需要保留的土地。

7. 宜林地：经县级以上人民政府规划为林地的土地。

（1）宜林荒山荒地：未达到上述有林地、疏林地、灌木林地、未成林造林地标准，规划为林地的荒山、荒（海）滩、荒沟、荒地等。

（2）宜林沙荒地：未达到上述有林地、疏林地、灌木林地、未成林造林地标准，造林可以成活，规划为林地的固定或流动沙地（丘）、有明显沙化趋势的土地等。

（3）其他宜林地：经县级以上人民政府规划用于发展林地的其他土地。

8. 辅助生产林地：直接为林业生产服务的工程设施与配套设施用地和其他有林地权属证明的土地，包括：

（1）培育、生产种子、苗木的设施用地；

（2）贮存种子、苗木、木材和其他生产资料的设施用地；

（3）集材道、运材道；

（4）林业科研、试验、示范基地；

（5）野生动植物保护、护林、森林病虫害防治、森林防火、木材检疫设施用地；

（6）供水、供热、供气、通信等基础设施用地；

（7）其他有林地权属证明的土地。

（二）非林地

指林地以外的农地、水域、未利用地及其他用地。

第十条　森林（林地）类别

按照主导功能的不同将森林资源分为生态公益林（地）和商品林（地）二个类别。

（一）生态公益林（地）

以保护和改善人类生存环境、维持生态平衡、保存种质资源、科学实验、森林旅游、国土保安等需要为主要经营目的的森林、林木、林地，包括防护林和特种用途林。

1. 生态公益林按事权等级划分为国家公益林（地）和地方公益林（地）。

（1）国家公益林（地）：由地方人民政府根据国家有关规定划定，并经国务院林业主管部门核查认定的公益林（地），包括森林、林木、林地。国家公益林划分标准执行林策发〔2001〕88号《国家公益林认定办法（暂行）》。

（2）地方公益林（地）：由各级地方人民政府根据国家和地方的有关规定划定，并经同级林业主管部门核查认定的公益林（地），包括森林、林木、林地。

2. 生态公益林按保护等级划分为特殊、重点和一般三个等级，划分标准执行 GB/T 18337.2—2001《生态公益林建设规划设计通则》。国家公益林（地）按照生态区位差异一般分为特殊和重点生态公益林（地），地方公益林

（地）按照生态区位差异一般分为重点和一般生态公益林（地）。

（二）商品林（地）

以生产木材、竹材、薪材、干鲜果品和其他工业原料等为主要经营目的的森林、林木、林地，包括用材林、薪炭林和经济林。

第十一条　林种

一、分类系统

有林地、疏林地和灌木林地根据经营目标的不同分为五个林种、二十三个亚林种，分类系统见附表3。

附表3　林种分类系统

森林类别	林　　种	亚林种
一、生态公益林（地）	（一）防护林	1.1 水源涵养林
		1.2 水土保持林
		1.3 防风固沙林
		1.4 农田牧场防护林
		1.5 护岸林
		1.6 护路林
		1.7 其他防护林
	（二）特种用途林	2.1 国防林
		2.2 实验林
		2.3 母树林
		2.4 环境保护林
		2.5 风景林
		2.6 名胜古迹和革命纪念林
		2.7 自然保护区林
二、商品林（地）	（三）用材林	3.1 短轮伐期工业原料用材林
		3.2 速生丰产用材林
		3.3 一般用材林
	（四）薪炭林	4.1 薪炭林
	（五）经济林	5.1 果树林
		5.2 食用原料林
		5.3 林化工业原料林
		5.4 药用林
		5.5 其他经济林

二、技术标准

（一）防护林

以发挥生态防护功能为主要目的的森林、林木和灌木林。

1. 水源涵养林：以涵养水源、改善水文状况、调节区域水分循环，防止河流、湖泊、水库淤塞，以及保护饮用水水源为主要目的的森林、林木和灌木林。具有下列条件之一者，可划为水源涵养林：

（1）流程在 500 千米以上的江河发源地汇水区，主流与一级、二级支流两岸山地自然地形中的第一层山脊以内；

（2）流程在 500 千米以下的河流，但所处地域雨水集中，对下游工农业生产有重要影响，其河流发源地汇水区及主流、一级支流两岸山地自然地形中的第一层山脊以内；

（3）大中型水库与湖泊周围山地自然地形第一层山脊以内或平地 1 000 米以内，小型水库与湖泊周围自然地形第一层山脊以内或平地 250 米以内；

（4）雪线以下 500 米和冰川外围 2 千米以内；

（5）保护城镇饮用水源的森林、林木和灌木林。

2. 水土保持林：以减缓地表径流、减少冲刷、防止水土流失、保持和恢复土地肥力为主要目的的森林、林木和灌木林。具备下列条件之一者，可划为水土保持林：

（1）东北地区（包括内蒙古东部）坡度在 25 度以上，华北、西南、西北等地区坡度在 35 度以上，华东、中南地区坡度在 45 度以上，森林采伐后会引起严重水土流失的；

（2）因土层瘠薄，岩石裸露，采伐后难以更新或生态环境难以恢复的；

（3）土壤侵蚀严重的黄土丘陵区塬面，侵蚀沟、石质山区沟坡、地质结构疏松等易发生泥石流地段的；

（4）主要山脊分水岭两侧各 300 米范围内的森林、林木和灌木林。

3. 防风固沙林：以降低风速、防止或减缓风蚀、固定沙地，以及保护耕地、果园、经济作物、牧场免受风沙侵袭为主要目的的森林、林木和灌木林。具备下列条件之一者，可以划为防风固沙林：

（1）强度风蚀地区，常见流动、半流动沙地（丘、垄）或风蚀残丘地段的；

（2）与沙地交界 250 米以内和沙漠地区距绿洲 100 米以外的；

（3）海岸基质类型为沙质、泥质地区，顺台风盛行登陆方向离固定海岸线

1 000米范围内，其他方向200米范围内的；

（4）珊瑚岛常绿林；

（5）其他风沙危害严重地区的森林、林木和灌木林。

4. 农田牧场防护林：以保护农田、牧场减免自然灾害，改善自然环境，保障农、牧业生产条件为主要目的的森林、林木和灌木林。具备下列条件之一者，可以划为农田牧场防护林：

（1）农田、草牧场境界外100米范围内，与沙质地区接壤250～500米范围内的；

（2）为防止、减轻自然灾害在田间、草牧场、阶地、低丘、岗地等处设置的林带、林网、片林。

5. 护岸林：以防止河岸、湖岸、海岸冲刷崩塌、固定河床为主要目的的森林、林木和灌木林。具备下列条件之一者，可以划为护岸林：

（1）主要河流两岸各200米及其主要支流两岸各50米范围内的，包括河床中的雁翅林；

（2）堤岸、干渠两侧各10米范围内的；

（3）红树林或海岸500米范围内的森林、林木和灌木林。

6. 护路林：以保护铁路、公路免受风、沙、水、雪侵害为主要目的的森林、林木和灌木林。具备下列条件之一者，可以划为护路林：

（1）林区、山区国道及干线铁路路基与两侧（设有防火线的在防火线以外）的山坡或平坦地区各200米以内，非林区、丘岗、平地和沙区国道及干线铁路路基与两侧（设有防火线的在防火线以外）各50米以内；

（2）林区、山区、沙区的省、县级道路和支线铁路路基与两侧（设有防火线的在防火线以外）各50米以内，其他地区10米范围内的森林、林木和灌木林。

7. 其他防护林：以防火、防雪、防雾、防烟、护鱼等其他防护作用为主要目的的森林、林木和灌木林。

（二）特种用途林

以保存物种资源、保护生态环境，用于国防、森林旅游和科学实验等为主要经营目的的森林、林木和灌木林。

（1）国防林：以掩护军事设施和用作军事屏障为主要目的的森林、林木和灌木林。具备下列条件之一者，可以划为国防林：

①边境地区的森林、林木和灌木林，其宽度由各省按照有关要求划定；

②经林业主管部门批准的军事设施周围的森林、林木和灌木林。

（2）实验林：以提供教学或科学实验场所为主要目的的森林、林木和灌木林，包括科研试验林、教学实习林、科普教育林、定位观测林等。

（3）母树林：以培育优良种子为主要目的的森林、林木和灌木林，包括母树林、种子园、子代测定林、采穗圃、采根圃、树木园、种质资源和基因保存林等。

（4）环境保护林：以净化空气、防止污染、降低噪音、改善环境为主要目的的有林地，包括城市及城郊接合部、工矿企业内、居民区与村镇绿化区的森林、林木、灌木林。

（5）风景林：以满足人类生态需求，美化环境为主要目的，分布在风景名胜区、森林公园、度假区、滑雪场、狩猎场、城市公园、乡村公园及游览场所内的森林、林木和灌木林。

（6）名胜古迹和革命纪念林：位于名胜古迹和革命纪念地，包括自然与文化遗产地、历史与革命遗址地的森林、林木和灌木林，以及纪念林、文化林、古树名木等。

（7）自然保护区林：各级自然保护区、自然保护小区内以保护和恢复典型生态系统和珍贵、稀有动植物资源及栖息地或原生地，或者保存和重建自然遗产与自然景观为主要目的的森林、林木和灌木林。

（三）用材林

以生产木材或竹材为主要目的的森林、林木和灌木林。

1. 短轮伐期工业原料用材林：以生产纸浆材及特殊工业用木质原料为主要目的，按照工程项目管理，采取集约经营、定向培育的森林、林木和灌木林。

2. 速生丰产用材林：通过使用良种壮苗和实施集约经营，缩短培育周期，获取最佳经济效益，森林生长指标达到相应树种速生丰产林国家（行业）标准的森林。

3. 一般用材林：其他以生产木材和竹材为主要目的的森林、林木。

（四）薪炭林

以生产热能燃料为主要经营目的的森林、林木和灌木林。

（五）经济林

以生产油料、干鲜果品、工业原料、药材及其他副特产品为主要经营目的的森林、林木和灌木林。

1. 果品林：以生产各种干、鲜果品为主要目的的森林、林木和灌木林。

2. 食用原料林：以生产食用油料、饮料、调料、香料等为主要目的的森林、林木和灌木林。

3. 林化工业原料林：以生产树脂、橡胶、木栓、单柠等非木质林产化工原料为主要目的的森林、林木和灌木林。

4. 药用林：以生产药材、药用原料为主要目的的森林、林木和灌木林。

5. 其他经济林：以生产其他林副、特产品为主要目的的森林、林木和灌木林。

三、林种优先级

当某地块同时满足一个以上林种划分条件时，应根据先生态公益林、后商品林的原则区划。商品林按适地适树原则确定，公益林按以下优先顺序确定：

国防林、自然保护区林、名胜古迹和革命纪念林、风景林、环境保护林、母树林、实验林、护岸林、护路林、防火林、水土保持林、水源涵养林、防风固沙林、农田牧场防护林。

第十二条　树种（组）、优势树种（组）与树种组成

一、树种（组）

主要调查树种（组）原则上与《国家森林资源连续清查主要技术规定》一致。各省（区、市）应依据《中华人民共和国主要林木目录（第一批）》等规定，根据需要增加新调查树种报国务院林业主管部门备案。

二、优势树种（组）

在乔木林、疏林小班中，按蓄积量组成比重确定，蓄积量占总蓄积量比重最大的树种（组）为小班的优势树种（组）。

未达到起测胸径的幼龄林、未成林造林地小班，按株数组成比例确定，株数占总株数最多的树种（组）为小班的优势树种（组）。

经济林、灌木林按株数或丛数比例确定，株数或丛数占总株数或丛数最多的树种（组）为小班的优势树种（组）。

三、树种组成

乔木林、竹林按十分法确定树种组成。复层林应分林层按十分法确定各林层的树种组成。组成不到5％的树种不记载。

第十三条　龄级、龄组、生产期与竹度

一、龄级与龄组

乔木林的龄级与龄组根据优势树种（组）的平均年龄确定。各树种（组）的龄级期限和龄组的划分标准见附表4。附表4中未列出的树种（组）由各省（区、市）根据其生物学特性和生长过程及经营利用目的确定，速生丰产用材林、短轮伐期工业原料用材林的龄级与龄组由各省（区、市）依据相应树种（品种）的生物学特性和经营培育方向确定，并报国务院林业主管部门备案。

附表 4　主要树种龄级与龄组划分

单位：年

树　种	地区	起源	龄　组　划　分					龄级期限
			幼龄林	中龄林	近熟林	成熟林	过熟林	
红松、云杉、柏木、紫杉、铁杉	北部	天然	≤60	61～100	101～120	121～160	＞161	20
	北部	人工	≤40	41～60	61～80	81～120	＞121	20
	南部	天然	≤40	41～60	61～80	81～120	＞121	20
	南部	人工	≤20	21～40	41～60	61～80	＞81	20
落叶松、冷杉、樟子松、赤松、黑松	北部	天然	≤40	41～80	81～100	101～140	＞141	20
	北部	人工	≤20	21～30	31～40	41～60	＞61	10
	南部	天然	≤40	41～60	61～80	81～120	＞121	20
	南部	人工	≤20	21～30	31～40	41～60	＞61	10
油松、马尾松、云南松、思茅松、华山松、高山松	北部	天然	≤30	31～50	51～60	61～80	＞81	10
	北部	人工	≤20	21～30	31～40	41～60	＞61	10
	南部	天然	≤20	21～30	31～40	41～60	＞61	10
	南部	人工	≤10	11～20	21～30	31～50	＞51	10
杨、柳、桉、檫、楝、泡桐、木麻黄、枫杨、软阔	北部	人工	≤10	11～15	16～20	21～30	＞31	5
	南部	人工	≤5	6～10	11～15	16～25	＞26	5
桦、榆、木荷、枫香、珙桐	北部	天然	≤30	31～50	51～60	61～80	＞81	10
	北部	人工	≤20	21～30	31～40	41～60	＞61	10
	南部	天然	≤20	21～40	41～50	51～70	＞71	10
	南部	人工	≤10	11～20	21～30	31～50	＞51	10
栎、柞、槠、栲、樟、楠、椴、水、胡、黄、硬阔	南北	天然	≤40	41～60	61～80	81～120	＞121	20
	南北	人工	≤20	21～40	41～50	51～70	＞71	10
杉木、柳杉、水杉	南部	人工	≤10	11～20	21～25	26～35	＞36	5

注：飞播造林同人工林。

二、竹度

竹林的龄级按竹度确定。一个大小年的周期一般为两年，称为一度。一度为幼龄竹，二、三度为壮龄竹，四度以上为老龄竹。

三、生产期

经济林划分为产前期、初产期、盛产期和衰产期四个生产期。具体划分标准由各省（区、市）制定，报国务院林业主管部门备案。

第十四条　立地因子

一、地貌

极高山：海拔 5 000 米（含）以上的山地；

高山：海拔为 3 500～4 999 米的山地；

中山：海拔为 1 000～3 499 米的山地；

低山：海拔低于 1 000 米的山地；

丘陵：没有明显的脉络，坡度较缓和，且相对高差小于 100 米；

平原：平坦开阔，起伏很小。

二、坡度

Ⅰ级为平坡 0～5 度；

Ⅱ级为缓坡 6～15 度；

Ⅲ级为斜坡 16～25 度；

Ⅳ级为陡坡 26～35 度；

Ⅴ级为急坡 36～45 度；

Ⅵ级为险坡 46 度以上。

三、坡向

按东、南、西、北、东北、东南、西北、西南及无九个方位确定坡向。

四、坡位

分脊、上、中、下、谷、平地六个坡位。

五、腐殖质层厚度和土层厚度

（一）腐殖质层厚度

腐殖质层厚度分三个等级：

厚：＞5 厘米；

中：2～4.9 厘米；

薄：＜2 厘米。

（二）土层厚度

土层厚度根据土壤的 A 层＋B 层厚度确定，厚度等级见附表 5。

附表 5　土层厚度等级

单位：厘米

厚度级	A 层＋B 层厚度	
	亚热带山地丘陵、热带	亚热带高山、暖温带、温带、寒温带
厚层土	＞80	＞60
中层土	40～79	30～59
薄层土	＜40	＜30

第十五条 其他标准

一、权属

权属包括所有权和使用权（经营权），分为林地所有权、林地使用权和林木所有权、林木使用权。

林地所有权分国有和集体，林木所有权分国有、集体、个人和其他。林地与林木使用权分国有、集体、个人和其他。

二、起源

天然林：由天然下种或萌生形成的森林、林木、灌木林。

人工林：由人工直播（条播或穴播）、植苗、分殖或扦插造林形成的森林、林木、灌木林。

飞播林：由飞机播种或模拟飞播造林形成的森林、林木、灌木林。

三、天然更新等级

天然更新等级根据幼苗各高度级的天然更新株数确定，见附表6。

附表6 天然更新等级

单位：株/公顷

等级	高度≤30厘米	高度31～50厘米	高度≥51厘米
良好	＞5 000	＞3 000	＞2 500
中等	3 000～4 999	1 000～2 999	500～2 499
不良	＜3 000	＜1 000	＜500

四、林木质量

用材林近、成、过熟林林木质量划为三个等级：

商品用材树：用材部分占全树高40％以上。

半商品用材树：用材部分长度在2米（针叶树）或1米（阔叶树）以上，但不足全树高的40％。在实际计算时一半计入经济用材树，一半计入薪材树。

薪材树：用材部分在2米（针叶树）或1米（阔叶树）以下。

五、林分出材率等级

用材林近、成、过熟林林分出材率等级由林分出材量占林分蓄积量的百分比或林分中商品用材树的株数占林分总株数的百分比确定，见附表7。

附表7 用材林近、成、过熟林林分出材率等级

出材率等级	林分出材率			商品用材树比率		
	针叶林	针阔混	阔叶林	针叶林	针阔混	阔叶林
1	＞70％	＞60％	＞50％	＞90％	＞80％	＞70％
2	50％～69％	40％～59％	30％～49％	70％～89％	60％～79％	45％～69％
3	＜50％	＜40％	＜30％	＜70％	＜60％	＜45％

六、可及度

用材林近、成、过熟林可及度分为即可及、将可及和不可及。

即可及：具备采、集、运条件的林分。

将可及：近期将具备采、集、运条件的林分。

不可及：因地形或经济原因暂时不具备采、集、运条件的林分。

七、径阶与径级组

林木调查起测胸径为5.0厘米，视林分平均胸径以2厘米或4厘米为径阶距并采用上限排外法。

径级组的划分标准为：

小径组：6～12厘米；

中径组：14～24厘米；

大径组：26～36厘米；

特大径组：38厘米以上。

八、大径木蓄积比等级

对本经理期主伐利用的复层林、异龄林，以小班为单位，将林分中达到大径木标准的林木蓄积占小班总蓄积的比率，分为以下三级：

Ⅰ级：大径级、特大径级蓄积量占小班总蓄积量大于70％；

Ⅱ级：大径级、特大径级蓄积量占小班总蓄积量为30％～69％；

Ⅲ级：大径级、特大径级蓄积量占小班总蓄积量小于30％。

九、林层

林层划分应同时满足以下四个条件：

1. 各林层每公顷蓄积量小于30米^2；

2. 相邻林层间林木平均高相差20％以上；

3. 各林层平均胸径在8厘米以上；

4. 主林层郁闭度大于0.30，其他林层郁闭度大于0.20。

十、郁闭度、覆盖度等级

（一）郁闭度等级

高：郁闭度0.70以上；

中：郁闭度0.40～0.69；

低：郁闭度0.20～0.39。

（二）覆盖度等级

密：覆盖度70％以上；

中：覆盖度50～69％；

疏：覆盖度 30%～49%。

十一、群落结构类型

完整结构：具有乔木层、下木层、草本层和地被物层 4 个植被层的森林。

复杂结构：具有乔木层和其他 1～2 个植被层的森林。

简单结构：只有乔木一个植被层的森林。

十二、自然度

天然林按照植被状况与原始顶极群落的差异，或次生群落位于演替中的阶段划为 3 级：

Ⅰ：原始或受人为影响很小而处于基本原始的植被；

Ⅱ：有明显人为干扰的天然植被或处于演替中期或后期的次生群落；

Ⅲ：人为干扰很大，演替逆行处于极为残次的次生植被阶段或天然植被几乎破坏殆尽，难以恢复的逆行演替后期。

十三、散生木和四旁树

（一）散生木

生长在竹林地、灌木林地、未成林造林地、无立木林地和宜林地上达到检尺径的林木，以及散生在幼林中的高大林木。

（二）四旁树

在宅旁、村旁、路旁、水旁等地栽植的面积不到 0.067 公顷的各种竹丛、林木。

十四、森林覆盖率与林木绿化率

（一）森林覆盖率

$$森林覆盖率（\%）=\frac{有林地面积}{土地总面积}\times100\%+\frac{国家特别规定灌木林面积}{土地总面积}\times100\%$$

（二）林木绿化率

$$林木绿化率（\%）=\frac{有林地面积}{土地总面积}\times100\%+\frac{灌木林面积}{土地总面积}\times100\%+$$
$$\frac{四旁树占地面积^*}{土地总面积}\times100\%$$

* 四旁树占地面积按 1 650 株/公顷（每亩 111 株）计。

第三章　森林经营区划

第十六条　经营区划系统

一、经营单位区划系统

（一）林业局（场）

林业（管理）局—林场（管理站）—林班；

或林业（管理）局—林场（管理站）—营林区（作业区、工区、功能区）—林班。

（二）自然保护区（森林公园）

管理局（处）—管理站（所）—功能区（景区）—林班。

二、县级行政单位区划系统

县—乡—村，或县—乡—村—林班。

经营区划应同行政界线保持一致。对过去已区划的界线，应相对固定，无特殊情况不宜更改。

第十七条　林班区划

林班区划原则上采用自然区划或综合区划，地形平坦等地物点不明显的地区，可以采用人工区划。林班面积一般为 100～500 公顷。自然保护区、东北与内蒙古国有林区、西南高山林区和生态公益林集中地区的林班面积根据需要可适当放大。

林班区划线应相对固定，无特殊情况不宜更改。国有林业局、国有林场和林业经营水平较高的集体林区，应在有关境界线上树立不同的标牌、标桩等标志。对于自然区划界线不太明显或人工区划的林班线应现地伐开或设立明显标志，并在林班线的交叉点上埋设林班标桩。

第十八条　小班划分

一、小班是森林资源规划设计调查、统计和经营管理的基本单位，小班划分应尽量以明显地形地物界线为界，同时兼顾资源调查和经营管理的需要考虑下列基本条件：

1. 权属不同；

2. 森林类别及林种不同；

3. 生态公益林的事权与保护等级不同；

4. 林业工程类别不同；

5. 地类不同；

6. 起源不同；

7. 优势树种（组）比例相差二成以上；

8. Ⅵ龄级以下相差一个龄级，Ⅶ龄级以上相差二个龄级；

9. 商品林郁闭度相差 0.20 以上，公益林相差一个郁闭度级，灌木林相差一个覆盖度级；

10. 立地类型（或林型）不同。

二、森林资源复查时，应尽量沿用原有的小班界线。但对上期划分不合理、因经营活动等原因造成界线发生变化的小班，应根据小班划分条件重新区划。

三、小班最小面积和最大面积依据林种、绘制基本图所用的地形图比例尺和经营集约度而定。最小小班面积在地形图上不小于 4 毫米²，对于面积在 0.067 公顷以上而不满足最小小班面积要求的，仍应按小班调查要求调查、记载，在图上并入相邻小班。南方集体林区商品林最大小班面积一般不超过 15 公顷，其他地区一般不超过 25 公顷。

四、国家生态公益林小班，应尽量利用明显的地形、地物等自然界线作为小班界线或在小班线上设立明显标志，使小班位置固定下来，作为地籍小班统一编码管理。

五、无林地小班、非林地小班面积不限。

第十九条　森林分类区划

森林分类区划是在综合考虑国家和区域生态、社会和经济需求后，依据国民经济发展规划、林业发展规划、林业区划等宏观规划成果进行的区划。森林分类区划以小班为单位，原则上与已有森林分类区划成果保持一致。国家公益林界线不得擅自变动；其他类别如以往划分不合理、区划条件发生变化，或因经营活动等原因造成界线变更时，应根据地方人民政府关于生态公益林划分的有关规定重新划分和审批。

第四章　调查方法

第二十条　调查数表准备

森林资源规划设计调查应提前准备和检验当地适用的立木材积表、形高表（或树高-断面积-蓄积量表）、立地类型表、森林经营类型表、森林经营措施类型表、造林典型设计表等林业数表。为了提高调查质量和成果水平，可根据条件编制、收集或补充修订立木生物量表、地位指数表（或地位级表）、林木生长率表、材种出材率表、收获表（生长过程表）等。

第二十一条　小班调绘

一、根据实际情况，可分别采用以下方法进行小班调绘：

（一）采用由测绘部门绘制的当地最新的比例尺为 1∶10 000 至 1∶25 000 的地形图到现地进行勾绘。对于没有上述比例尺的地区可采用由 1∶50 000 放大到 1∶25 000 的地形图。

（二）使用近期拍摄的（以不超过两年为宜）、比例尺不小于 1∶25 000 或由 1∶50 000 放大到 1∶25 000 的航片、1∶100 000 放大到 1∶25 000 的侧视雷达图片在室内进行小班勾绘，然后到现地核对，或直接到现地调绘。

（三）使用近期（以不超过一年为宜）经计算机几何校正及影像增强的比例尺1:25 000的卫片（空间分辨率10米以内）在室内进行小班勾绘，然后到现地核对。

二、空间分辨率10米以上的卫片只能作为调绘辅助用图，不能直接用于小班勾绘。

三、现地小班调绘、小班核对以及为林分因子调查或总体蓄积量精度控制调查而布设样地时，可用GPS确定小班界线和样地位置。

第二十二条　小班调查

一、根据调查单位的森林资源特点、调查技术水平、调查目的和调查等级，可采用不同的调查方法进行小班调查。

二、小班调查应充分利用上期调查成果和小班经营档案，以提高小班调查精度和效率，保持调查的连续性。

三、小班测树因子调查方法

（一）样地实测法

在小班范围内，通过随机、机械或其他的抽样方法，布设圆形、方形、带状或角规样地，在样地内实测各项调查因子，由此推算小班调查因子。布设的样地应符合随机原则（带状样地应与等高线垂直或成一定角度），样地数量应满足第六章的精度要求。

（二）目测法

当林况比较简单时采用此法。调查前，调查员要通过30块以上的标准地目测练习和一个林班的小班目测调查练习，并经过考核，各项调查因子目测的数据80%项次以上达到允许的精度要求时，才可以进行目测调查。

小班目测调查时，必须深入小班内部，选择有代表性的调查点进行调查。为了提高目测精度，可利用角规样地或固定面积样地以及其他辅助方法进行实测，用以辅助目测。目测调查点数视小班面积不同而定：3公顷以下，1~2个；4~7公顷，2~3个；8~12公顷，3~4个；13公顷以上，5~6个。

（三）航片估测法

航片比例尺大于1:10 000时可采用此法。调查前，分别林分类型或树种（组）抽取若干个有蓄积量的小班（数量不低于50），判读各小班的平均树冠直径、平均树高、株数、郁闭度等级、坡位等，然后到实地调查各小班的相应因子，编制航空相片树高表、胸径表、立木材积表或航空相片数量化蓄积量表。为保证估测精度，必须选设一定数量的样地对数表（模型）进行实测检验，达到 90％以上精度时方可使用。

航空相片估测时，先在室内对各个小班进行判读（可结合小班室内调绘工作），利用判读结果和所编制的航空相片测树因子表估计小班各项测树因子。然后，抽取 5～10％的判读小班到现地核对，各项测树因子判读精度达到第六章精度要求的小班超过 90％时可以通过。

（四）卫片估测法

当卫片的空间分辨率达到 3 米时可采用此法。其技术要点为：

1. 建立判读标志：根据调查单位的森林资源特点和分布状况，以卫星遥感数据景幅的物候期为单位，每景选择若干条能覆盖区域内所有地类和树种（组）、色调齐全且有代表性的勘察路线。将卫星影像特征与实地情况对照获得相应影像特征，并记录各地类与树种（组）的影像色调、光泽、质感、几何形状、地形地貌及地理位置（包括地名）等，建立目视判读标志表。

2. 目视判读：根据目视判读标志，综合运用其他各种信息和影像特征，在卫星影像图上判读并记载小班的地类、树种（组）、郁闭度、龄组等判读结果。

对于林地、林木的权属、起源，以及目视判读中难以区别的地类，要充分利用已掌握的有关资料、询问当地技术人员或到现地调查等方式确定。

3. 判读复核：目视判读采取一人区划判读，另一人复核判读方式进行，二人在"背靠背"作业前提下分别判读和填写判读结果。当两名判读人员的一致率达到 90％以上时，二人应对不一致的小班通过商议达成一致意见，否则应到现地核实。当两判读人员的一致率达不到 90％以上时，应分别重新判读。对于室内判读有疑问的小班必须全部到现地确定。

4. 实地验证：室内判读经检查合格后，采用典型抽样方法选择部分小班进行实地验证。实地验证的小班数不少于小班总数的 5％（但不低于 50 个），并按照各地类和树种（组）判读的面积比例分配，同时每个类型不少于 10 个小班。在每个类型内，要按照小班面积大小比例不等概率选取。各项因子的正判率达到 90％以上时为合格。

5. 蓄积量调查：结合实地验证，典型选取有蓄积量的小班，现地调查其单位面积蓄积量，然后建立判读因子与单位面积蓄积量之间的回归模型，根据判读小班的蓄积量标志值计算相应小班的蓄积量。

各种小班调查方法允许调查的小班测树因子见附表 8。

附表 8　不同调查方法应调查的小班测树因子

测树因子	样地法	目测法	航片估测法	卫片估测法
林　　层	√	√	√	
起　　源	√	√	√	√
优势树种（组）	√	√	√	√
树种组成	√	√		
平均年龄（龄组）	√	√	√	√
平均树高	√	√	√	
平均胸径	√	√		
优势木平均高	√	√	√	
郁闭度	√	√	√	√
每公顷株数	√	√	√	
散生木蓄积量	√	√		
每公顷蓄积量	√	√	√	√
枯倒木蓄积量	√	√		
天然更新	√	√		
下木覆盖度	√	√		

四、小班调查因子记载

（一）小班调查因子

分商品林和生态公益林小班按地类调查或记载不同调查因子，详见附表 9。

附表 9　不同地类小班调查因子

调查项目	乔木林	竹林	疏林地	国家特别规定灌木林	其他灌木林	人工造林未成林地	封育未成林地	苗圃地	采伐迹地	火烧迹地	宜林地	其他无立木林地	辅助生产林地
空间位置	1, 2	1, 2	1, 2	1, 2	1, 2	1, 2	1, 2	1, 2	1, 2	1, 2	1, 2	1, 2	1, 2
权　　属	1, 2	1, 2	1, 2	1, 2	1, 2	1, 2	1, 2	1, 2	1, 2	1, 2	1, 2	1, 2	1, 2
地　　类	1, 2	1, 2	1, 2	1, 2	1, 2	1, 2	1, 2	1, 2	1, 2	1, 2	1, 2	1, 2	1, 2
工程类别	1, 2	1, 2	1, 2	1, 2	1, 2	1, 2	1, 2			1, 2	1, 2	1, 2	1, 2
事　　权	2	2	2	2	2	2	2		2	2	2	2	
保护等级	2		2	2	2	2	2		2	2	2	2	

（续）

调查项目	乔木林	竹林	疏林地	国家特别规定灌木林	其他灌木林	人工造林未成林地	封育未成林地	苗圃地	采伐迹地	火烧迹地	宜林地	其他无立木林地	辅助生产林地
地形地势	1，2	1，2	1，2	1，2	1，2	1，2	1，2		1，2	1，2	1，2	1，2	
土壤/腐殖质	1，2	1，2	1，2	1，2	1，2	1，2	1，2		1，2	1，2	1，2	1，2	
下木植被	1，2	1，2	1，2	1，2	1，2	1，2	1，2		1，2	1，2	1，2	1，2	
立地类型	1，2	1，2	1，2	1，2	1，2	1，2	1，2		1，2	1，2	1，2	1，2	
立地等级	1	1	1	1	1	1	1		1	1	1	1	
天然更新	1，2	1，2	1，2				1，2		1，2	1，2	1，2	1，2	
造林类型									1，2	1，2	1，2	1，2	
林　种	1，2	1，2	1，2	1，2	1，2								
起　源	1，2	1，2	1，2	1，2	1，2	1，2	1，2						
林　层	1												
群落结构	2												
自然度	1，2	1，2	1，2	1，2	1，2								
优势树种（组）	1，2	1，2	1，2	1，2	1，2	1，2	1，2						
树种组成	1	1	1			1	1						
平均年龄	1，2		1，2	1		1，2	1，2						
平均树高	1，2	1，2	1，2	1，2	1，2	1，2	1，2						
平均胸径	1，2	1，2	1，2										
优势木平均高	1												
郁闭/覆盖度	1，2	1，2	1，2	1，2	1，2								
每公顷株数	1	1	1			1，2	1，2						
每公顷蓄积量	1，2	1，2	1，2										
枯倒木蓄积量	1，2		1，2										
健康状况	1，2	1，2	1，2	1，2	1，2	1，2	1，2						
调查日期	1，2	1，2	1，2	1，2	1，2	1，2	1，2	1，2	1，2	1，2	1，2	1，2	1，2
调查员姓名	1，2	1，2	1，2	1，2	1，2	1，2	1，2	1，2	1，2	1，2	1，2	1，2	1，2

注：1为商品林，2为公益林。

（二）调查项目记载

1. 空间位置：记载小班所在的县（局、总场、管理局）、林场（分场、乡、管理站）、作业区（工区、村）、林班号、小班号。

2. 权属：分别土地所有权和使用权、林木所有权和使用权调查记载。

3. 地类：按最后一级地类调查记载。

4. 工程类别：分别天然林保护工程，退耕还林工程，环京津风沙源治理工程，三北与长江中下游等重点地区防护林建设工程、野生动植物保护和自然保护区建设工程、速生丰产用材林工程、其他工程填写。

5. 事权：生态公益林（地）分为国家级或地方级。

6. 保护等级：生态公益林（地）分为特殊保护、重点保护和一般保护。

7. 地形地势：记载小班地貌、平均海拔、坡度、坡向和坡位等因子。

8. 土壤：记载小班土壤名称（记至土类）、腐殖质层厚度、土层厚度（A＋B层）、质地、石砾含量等。

9. 下木植被：记载下层植被的优势和指示性植物种类、平均高度和覆盖度。

10. 立地类型：查立地类型表确定小班立地类型。

11. 立地等级：根据小班优势木平均高和平均年龄查地位指数表，或根据小班主林层优势树种平均高和平均年龄查地位级表确定小班的立地等级。对疏林地、无立木林地、宜林地等小班可根据有关立地因子查数量化地位指数表确定小班的立地等级。

12. 天然更新：调查小班天然更新幼树与幼苗的种类、年龄、平均高度、平均根径、每公顷株数、分布和生长情况，并评定天然更新等级。

13. 造林类型：对适合造林的小班，根据小班的立地条件，按照适地适树的原则，查造林典型设计表确定小班的造林类型。

14. 林种：按林种划分技术标准调查确定，记载到亚林种。

15. 起源：按主要生成方式调查确定。

16. 林层：商品林按林层划分条件确定是否分层，然后确定主林层。并分别林层调查记载郁闭度、平均年龄、株数、树高、胸径、蓄积量和树种组成等测树因子。除株数、蓄积量以各林层之和作为小班调查数据以外，其他小班调查因子均以主林层的调查因子为准。

17. 自然度：根据干扰程度记载。

18. 群落结构：公益林根据植被的层次多少确定群落结构类型。

19. 自然度：天然林根据干扰的强弱程度记载到级。

20. 优势树种（组）：分别林层记载优势树种（组）。

21. 树种组成：分别林层用十分法记载。

22. 平均胸径：分别林层，记载优势树种（组）的平均胸径。

23. 平均年龄：分别林层，记载优势树种（组）的平均年龄。平均年龄由林分优势树种（组）的平均木年龄确定，平均木是指具有优势树种（组）断面积平均直径的林木。

24. 平均树高：分别林层，调查记载优势树种（组）的平均树高。在目测调查时，平均树高可由平均木的高度确定。灌木林设置小样方或样带估测灌木的平均高度。

25. 优势木平均高：在小班内，选择 3 株优势树种（组）中最高或胸径最大的立木测定其树高，取平均值作为小班的优势木平均高。

26. 郁闭度或覆盖度：有林地小班用目测或仪器测定各林层林冠对地面的覆盖程度，取小数二位；灌木林设置小样方或样带估测并记载覆盖度，用百分数表示。

27. 每公顷株数：商品林分别林层记载活立木的每公顷株数。

28. 散生木：分树种调查小班散生木株数、平均胸径，计算各树种材积和总材积。

29. 每公顷蓄积量：分别林层记载活立木每公顷蓄积量。

30. 枯倒木蓄积量：记载小班内可利用的枯立木、倒木、风折木、火烧木的总株数和平均胸径，计算蓄积量。

31. 健康状况：记载林地卫生、林木（苗木）受病虫危害和火灾危害以及林内枯倒木分布与数量等状况。林木病虫害应调查记载林木病虫害的有无以及病虫种类、危害程度。森林火灾应调查记载森林火灾发生的时间、受害面积、损失蓄积。

32. 调查日期：记录小班调查时的年、月、日。

33. 调查员姓名：由调查员本人签字。

（三）其他应调查记载项目及要求

1. 用材林近成过熟林小班：除按本条四（二）款记载小班因子外，还要调查记载小班的以下内容：

（1）可及度：调查记载小班的可及度状况。

（2）即可及、将可及小班采用实测标准地（样地）、角规控制检尺、数学模型等方法调查或推算各径级组株数和蓄积量。

（3）即可及、将可及小班采用实测标准地（样地）、数学模型等方法调查或推算经济材、半经济材和薪材的株数和蓄积。

（4）即可及、将可及小班根据小班蓄积量和林分材种出材率表或直径分布和单木材种出材率表确定材种出材量。

2. 择伐林小班：对于实行择伐方式的异龄林小班，采用实测标准地（样地）、角规控制检尺等调查方法调查记载小班的直径分布。

3. 人工幼林、未成林人工造林地小班：除按本条四（二）款记载小班因子外，还要调查记载整地方法、规格、造林年度、造林密度、混交比、成活率或保存率及抚育措施。

4. 竹林小班：对于商品用材林中的竹林小班增加调查记载小班各竹度的株数和株数百分比。

5. 经济林小班：

（1）有蓄积量的乔木经济林小班，应参照用材林小班调查计算方法调查记载小班蓄积量。

（2）调查各生产期的株数和生长状况。

6. 一般生态公益林小班：下经理期有经营活动的一般生态公益林近成过熟林或天然异龄林小班应参照用材林近成过熟林小班的要求补充调查因子。森林经营集约度较高地区的所有一般生态公益林小班均应参照商品林小班进行调查。

7. 红树林小班：红树林小班调查执行《全国红树林资源调查技术规定》。

8. 辅助生产林地小班：调查记载辅助生产设施的类型、用途、利用或保养现状。

五、林网、四旁树调查

（一）林网调查

达到有林地标准的农田牧场林带、护路林带、护岸林带等不划分小班，但应统一编号，在图上反映，除按照生态公益林的要求进行调查外，还要调查记载林带的行数、行距。

（二）城镇林、四旁树调查

达到有林地标准的城镇林、四旁林视其森林类别分别按照商品林或生态公益林的调查要求进行调查。在宅旁、村旁、路旁、水旁等地栽植的达不到有林地标准的各种竹丛、林木，包括平原农区达不到有林地标准的农田林网树，以街道、行政村为单位，街段、户为样本单元进行抽样调查，具体要求由各省（区、市）根据当地情况确定。

六、散生木调查

散生木应按小班进行全面调查、单独记载。

第二十三条　调查总体蓄积量控制

一、以经营单位或县级行政单位为总体进行总体蓄积量抽样控制。调查面积小于 5 000 公顷或森林覆盖率小于 15％的单位可以不进行抽样控制，也可以与相邻经营单位联合进行抽样控制，但应保证控制范围内调查方法和调查时间的一致性。

二、总体抽样控制精度根据单位性质确定：

以商品林为主的经营单位或县级行政单位为 90％；

以公益林为主的经营单位或县级行政单位为 85％；

自然保护区、森林公园为 80％。

三、在抽样总体内，采用机械抽样、分层抽样、成群抽样等抽样方法进行抽样控制调查，样地数量要满足抽样控制精度要求。

四、样地实测可以采用角规测树、每木检尺等方法。根据样地样木测定的结果计算样地蓄积量，并按相应的抽样理论公式计算总体蓄积量、蓄积量标准误和抽样精度。

五、当总体蓄积量抽样精度达不到规定的要求时，要重新计算样地数量，并布设、调查增加的样地，然后重新计算总体蓄积量、蓄积量标准误和抽样精度，直至总体蓄积量抽样精度达到规定的要求。

六、将各小班蓄积量汇总计算的总体蓄积量（包括林网和四旁树蓄积量）与以总体抽样调查方法计算的总体蓄积量进行比较：

（一）当两者差值不超过±1 倍的标准误时，即认为由小班调查汇总的总体蓄积量符合精度要求，并以各小班汇总的蓄积量作为总体蓄积量。

（二）当两者差值超过±1 倍的标准误、但不超过±3 倍的标准误时，应对差异进行检查分析，找出影响小班蓄积量调查精度的因素，并根据影响因素对各小班蓄积量进行修正，直至两种总体蓄积量的差值在±1 倍的标准误范围以内。

（三）当两者差值超过±3 倍的标准误时，小班蓄积量调查全部返工。

第二十四条　专项调查

由调查会议确定的生长量调查、消耗量调查、土壤调查、森林病虫害调查、森林火灾调查、珍稀植物、野生经济植物资源调查、野生动物资源调查、湿地资源调查、荒漠化土地资源调查、森林多种效益计量、评价调查和林业经济调查等各专项调查，执行原林业部制定的"林业专业调查主要技术规定"和其他有关专项调查技术规定（或实施细则）。

第二十五条　调查重点

各地在开展森林资源规划设计调查时，应根据当地森林资源的特点和调查的目的等，对调查的内容及其详细程度有所侧重。

一、以森林主伐利用为主的地区，应着重对地形、可及性，以及用材林的近、成、过熟林测树因子等进行调查。

二、以森林抚育改造为主的地区，应着重对幼中龄林的密度、林木生长发育状况等林分因子以及立地条件进行调查。

三、以更新造林为主的地区，应着重对土壤、水资源等条件、天然更新状况等进行调查，以做到适地适树，保证更新造林质量。

四、以自然保护为主的地区，应着重调查被保护对象种类、分布、数量、质量、自然性以及受威胁状况等。

五、以防护、旅游等生态公益效能为主的林区，应分别不同的类型，着重调查与发挥森林生态公益效能有关的林木因子、立地因子和其他因子。

第五章　统计与成图

第二十六条　统计要求

一、所有调查材料，必须经专职检查人员检查验收。

二、小班调查材料验收完毕后才能进行资源统计。资源统计原则上要求以省为单位采用统一的计算机统计软件。每个省的资源统计方法要一致，各种统计成果报表在形式和内容上均要相同。

三、统计报表采用由小班、林班向上逐级统计汇总方式进行。

四、当小班由几个地块合并而成时，可选择面积最大的地块或根据经营方向确定一个地块的调查因子作为合并小班的调查因子，但小班蓄积量为各地块的蓄积量之和。在统计汇总时，采用合并后小班的调查因子。

五、内业统计：

国有林业局统计到林场，林场统计到营林区（或作业区），营林区（或作业区）统计到林班。

国有林场从总场（林场）统计到分场，分场统计到营林区（或作业区），营林区（或作业区）统计到林班。

自然保护区、森林公园从管理局（处）统计到管理站（所），管理站（所）统计到功能区（景区），功能区（景区）统计到林班。

县级行政单位从县统计到乡，乡统计到村，村统计到林班。

六、统计表分权属统计汇总。

第二十七条 各种规划设计调查成果图可采用计算机或手工等制图手段绘制,图式必须符合林业地图图式的规定。

第二十八条 基本图编制

基本图主要反映调查单位自然地理、社会经济要素和调查测绘成果。它是求算面积和编制林相图及其他林业专题图的基础资料。

一、基本图按国际分幅编制

二、根据调查单位的面积大小和林地分布情况,基本图的比例尺可采用1∶5 000、1∶10 000、1∶25 000 等不同比例尺

三、基本图的成图方法

(一)基本图的底图

1.计算机成图:直接利用调查单位所在地的国土规划部门测绘的基础地理信息数据绘制基本图的底图,或将符合精度要求的最新地形图输入计算机,并矢量化,编制基本图的底图。

2.手工成图:用符合精度要求的最新地形图手工绘制基本图的底图。

(二)基本图编制

1.将调绘手图(包括航片、卫片)上的小班界、林网转绘或叠加到基本图的底图上,在此基础上编制基本图。转绘误差不超过 0.5 毫米。

2.基本图的编图要素包括各种境界线(行政区域界、国有林业局、林场、营林区、林班、小班)、道路、居民点、独立地物、地貌(山脊、山峰、陡崖等)、水系、地类、林班注记、小班注记。

第二十九条 林相图编制

以林场(或乡、村)为单位,用基本图为底图进行绘制,比例尺与基本图一致。林相图根据小班主要调查因子注记与着色。凡有林地小班,应进行全小班着色,按优势树种确定色标,按龄组确定色层。其他小班仅注记小班号及地类符号。

第三十条 森林分布图编制

以经营单位或县级行政区域为单位,用林相图缩小绘制。比例尺一般为1∶50 000 至 1∶100 000。其绘制方法是将林相图上的小班进行适当综合。凡在森林分布图上大于 4 毫米^{2}的非有林地小班界均需绘出。但大于 4 毫米^{2}的有林地小班,则不绘出小班界,仅根据林相图着色区分。

第三十一条 森林分类区划图和专题图编制

一、森林分类区划图编制

以经营单位或县级行政区域为单位,用林相图缩小绘制。比例尺一般为

1：50 000 至 1：100 000。该图分别工程区、森林类别、生态公益林保护等级和事权等级着色。

二、专题图编制

以反映专项调查内容为主的各种专题图，其图种和比例尺根据经营管理需要，由调查会议具体确定，但要符合林业专业调查技术规定（或技术细则）的要求。

第三十二条　面积量算

一、按照"层层控制，分级量算，按比例平差"的原则进行面积量算。即先量算林业局（县、保护区、森林公园）的面积，再量算林场（乡、管理站）、林班（村）面积，最后量算小班面积。如无特殊情况，县、乡各级行政单位的面积应与民政部门公布的面积一致。各级面积经准确量算后，复查时除非界线发生变化，否则不准变动。

二、国有林业局（县、保护区、森林公园）、林场（乡、管理站）的面积用理论图幅面积计算，即将分布在各图幅上的部分累加求得。一个图幅上的各部分面积，要分别量测进行平差。

三、用地理信息系统（GIS）绘制成果图时，可直接用地理信息系统量算林班和小班面积。手工绘制成果图时，可用几何法、网点网格法或求积仪等量算林班和小班面积。

四、林场（乡）内各林班面积之和与林场面积相差不到 1%，林班内各小班面积之和与林班面积相差不到 2% 时，可进行平差，超出时应重新量算。

五、面积量算以公顷为单位，精确到 0.1 公顷。

第三十三条　为了提高资源统计、成果图绘制效率和便于资源经营管理和资源档案管理，调查单位应采用计算机进行内业计算、统计，用地理信息系统编绘成果图。林业调查规划设计资质乙级以上单位承担的调查项目应建立森林资源管理信息系统。

第六章　质量管理

第三十四条　调查员资格

一、调查员实行持证上岗制度。对无证人员完成的调查成果，林业主管部门或调查单位应不予验收、不能通过。

二、调查承担单位应组织调查员认真学习规划设计调查的技术规定或实施细则，以统一调查方法和技术标准。

第三十五条　质量检查

一、为了保证规划设计调查的工作质量，在规划设计调查过程中，应由调查单位的林业主管部门、调查单位和调查承担单位代表共同组成专职检查组对调查工作进行质量检查，专职检查组在检查工作结束后要提交质量检查报告。

二、专职检查组正常检查的工作量不应低于规划设计调查工作量的 3％。在被检查的工作量中，90％以上项次达到允许误差的，则为工作质量合格。否则应增大检查量，当被检查的工作量增加到调查工作量的 5％，而达到允许误差的项次仍不到 90％的，则被检查的规划设计调查工作质量不合格，应全部返工。

第三十六条　管理制度

一、调查承担单位要加强对调查员的职业道德教育，制定质量奖惩办法。对于不按操作规则办事的，一经发现要予以严肃处理，并依据有关法规追究当事人的经济责任、行政责任，直至法律责任。

二、调查承担单位应分级建立技术责任制度。原始调查记录必须有调查员签字，方为有效。总的调查资料应具有质量检查合格证书，经森林经营单位和调查承担单位负责人签署意见后方可上报。

第三十七条　精度要求

一、允许误差

主要小班调查因子允许误差分为 A、B、C 三个等级，见附表 10。

附表 10　主要小班调查因子允许误差

调查因子	允许误差％		
	A	B	C
小班面积	5	5	5
树种组成	5	10	20
平均树高	5	10	15
平均胸径	5	10	15
平均年龄	10	15	20
郁闭度	5	10	15
每公顷断面积	5	10	15
每公顷蓄积量	15	20	25
每公顷株数	5	10	15

二、精度要求

1. 国有森林经营单位和经营强度高的县级行政单位，商品林小班允许误差采用等级"A"；

2. 一般县级行政单位的商品林小班、所有单位的一般生态公益林小班允许误差采用等级"B"；

3. 自然保护区、森林公园和其他特殊、重点生态公益林小班允许误差采用等级"C"。

三、其他要求

1. 样地调查精度要求执行《国家森林资源连续清查主要技术规定》。

2. 小班调查时确定的小班权属、地类、林种、起源不得有错。

第七章　调查成果

第三十八条　规划设计调查成果

一、表格材料

（一）小班调查簿

森林资源规划设计调查的小班调查簿格式由各省（区、市）确定。

（二）统计表

应提交下列 6 种统计表，其他统计表由各省（区、市）确定。

1. 各类土地面积统计表；

2. 各类森林、林木面积蓄积统计表；

3. 林种统计表；

4. 乔木林面积、蓄积按龄组统计表；

5. 生态公益林（地）统计表；

6. 红树林资源统计表。

二、图面材料

1. 基本图，比例尺为 1：5 000 至 1：25 000；

2. 林相图，比例尺为 1：10 000 至 1：50 000；

3. 森林分布图，比例尺为 1：50 000 至 1：100 000；

4. 森林分类区划图，比例尺为 1：50 000 至 1：100 000；

5. 其他专题图。

三、文字材料

1. 森林资源规划设计调查报告；

2. 专项调查报告；

3. 质量检查报告。

四、电子文档

与上述表格材料、图面材料和文字材料相对应的电子文档。

五、基于森林资源规划设计调查建立的森林资源档案，乙级资质单位应提交调查单位的森林资源管理信息系统

六、各级森林资源管理部门规定的其他成果材料